「赢在自律
胜在格局」

春昉 / 著

中国华侨出版社

·北京·

图书在版编目（CIP）数据

赢在自律，胜在格局 / 春昉著 . —北京：中国华侨出版社，2021.2

ISBN 978-7-5113-8126-2

Ⅰ . ①赢… Ⅱ . ①春… Ⅲ . ①成功心理—通俗读物

Ⅳ . ① B848.4-49

中国版本图书馆 CIP 数据核字（2019）第 279535 号

赢在自律，胜在格局

著　　者：春　昉

责任编辑：刘晓燕

经　　销：新华书店

开　　本：670 毫米 × 960 毫米　1/16 开　印张：16　字数：237 千字

印　　刷：河北省三河市天润建兴印务有限公司

版　　次：2021 年 2 月第 1 版

印　　次：2024 年 5 月第 2 次印刷

书　　号：ISBN 978-7-5113-8126-2

定　　价：44.00 元

中国华侨出版社　北京市朝阳区西坝河东里 77 号楼底商 5 号　邮编：100028

发 行 部：（010）64443051　　　　传　　真：（010）64439708

网　　址：www.oveaschin.com　　　E－m a i l：oveaschin@sina.com

前言

一块蛋糕阻碍的减肥目标，一次赖床中止的晨跑计划，一个胆怯告吹的创业想法……很多时候，阻碍成功的并非年纪或天赋，而仅仅是一时的徘徊犹疑或懒惰放任。

人生是一个不断完善自我的过程，每一次完善的过程都需要你放弃令你感到舒适的懒散与安逸，学会自我约束与克制，如此你才能实现人格的雕琢、心性的自由、能力的晋升。美国心理学家斯科特·派克在《少有人走过的路》中提出："自律，是解决人生问题的首要工具。"也就是说，当你能够以心无旁骛的专注和毫不动摇的坚持做人做事，你对人生的迷茫与苦恼自然迎刃而解。

如果说经年累月的坚持会使一个人始终保持精进，那么格局的高低则决定了一个精进的人到底可以走多远。

《财富》杂志主编吉夫科文认为，企业家的格局决定企业的结局，企业家的高度决定企业的高度与远度。一个眼里都是蝇头小利的人学不会以企业的未来发展为着眼点，一个心里都是得失计较的人铺就不成宽广深厚的事业路。格局意味着高瞻远瞩的眼界，意味着容人容事的胸怀，也意味着对责任与使命的担当。所以，我们会看到，大格局者处事是谦和宽容的，是大气磊落的，更是兼具魄力与气度的。如此，员工更愿意追随他们，伙伴更愿意信任他们，企业的格局越发广大。

自律成人，格局成事，这二者是成大事者必备的素质和能力。时代在变化，不变的是成人成事的自制与积累。坚持自律，提升格局，你的人生将大不相同。

目录

『 上篇　优秀始于自律 』

『 下篇　成功源自格局 』

第一章 / 视野格局：一切从全局出发

第二章 / 统筹格局：宏观把控，科学规划

第三章 / 危机格局：时刻把危机意识放在心头

第四章 / 创新格局：乐于打破常规，鼓励员工试错

第五章 / 管理格局：容人、容事、有担当

第六章 / 压力格局：敢于承担压力，善于利用压力

第七章 / 执行格局：有条不紊，高质高效

第八章 / 品质格局：克躁诚信，求真务实

—— 上篇 ——
『 优秀始于自律 』

　　自律是一种不可或缺的人格力量，没有它，一切纪律都形同虚设。真正的自律是一种信仰、一种自省、一种自警、一种素质、一种自爱、一种觉悟，它会让你发觉健康之美，从而幸福快乐、淡定从容、内心强大，永远充满积极向上的力量。

—— 第一章 ——
人格自律：无自律，不自由

人只有找到信仰，才可以坚定信念，朝着一个方向执着前进。自律是一种信仰，自律的心态督促人将一生的精力投入到无尽的奋斗中，从而创造出属于自己的辉煌。

❑ 从他律到自律是成功的关键

在听到"自律"这个词的时候，你是否觉得它只适用于少数性格坚不可摧的人？事实并非如此，自律其实是每个人都不可或缺的人格力量。大量的历史事实表明，自律的精神在人们追求卓越的过程中扮演着重要的角色，造就了一个个光辉的形象。唯有自律，才能把自己引向光明之地。

那么，什么是自律呢？所谓自律就是能够约束自己、管理自己，自觉地"遵循法度，自我约束"，按照自己的既定计划去实现目标的一种能力。它是一种不可或缺的人格力量，自律程度的高低往往体现出个人素质的高低，同时也影响着个人取得成就的大小。

美国有关组织曾做过这样一个调查：在一所幼儿园中，给每个孩子发了一些糖果，并告诉他们，这些糖是发给他们吃的，但是最好当天不要吃，如果能等到第二天再吃就可奖励 2 颗糖，如果能等到第三天才吃就可奖励 3 颗糖。结果，有的孩子等不及当天就吃了，有的孩子等到了第二天，只有极少数孩子到了第三天才吃。这些孩子成长到中年后，再次调查的结果显示，自律程度越高的孩子，事业的成功率也越高。

而在日常生活和工作中，自律能够给我们带来快乐和健康。在家庭里要负起家庭的责任，不负责的人，其家庭一定不会和谐，心情一定不会舒畅；在公司不自律的人，领导厌烦他们，同事鄙视他们，他们本人也会极度忧郁。内心不舒畅、忧郁的人是不会健康的。

诚然，自律能给我们带来诸多好处，但要切实做到自律绝非易事，绝大部分人主要依靠的还是他律，常常需要他人的监督与提醒。而实际上，与他律相比，个人是否拥有坚定的信念，能否给自己设定标准并严格执行，才是让自己变得强大的关键。

如果你想让自律成为自己的资产，让自己变得越来越强大，不妨借鉴以下的建议。

第一，树立正确的人生观。正确的人生观是实现自律最基本的前提条件，人生观是人们对人生目标和人生意义的根本看法与态度，它决定了一个人做人的标准，是把握人生方向、抉择人生道路的指南。

第二，制定做事的优先顺序并有效执行。如果一个人只依照自己的心情和一时的方便而行事，那么肯定是不会成功的，更不要说让别人尊重并跟随你了。这就是自律的基本精神之所在。

第三，做到自我控制，有才而不乱用，有智而不尽显。很多时候，我们的言行并不为人所知，但你是否仍能管理自己、规范自己的言行、处处严格要求自己，就体现了你的自律。一个缺乏自律的人总是口无遮拦、行无规矩、随心所欲，最终只能自己吃亏。向具有高度自律的成功人士学习，你会发现自律不是他们偶尔为之的行为，而是他们的生活方式。培养自律最佳的方式是为自己制定目标及规划，特别是在你视为重要的、需要长期坚持及追求成功的指标项目上。

第四，向借口挑战。如果想培养自律的生活方式，首要的功课之一就是破除找借口的倾向。正如法国古典文学作家佛朗哥所说："我们所犯的过错几乎比用来掩饰的方法更值得原谅。"如果你有几个令你无法自律的理由，那么你要认清它们只不过是一堆借口罢了。

📖 身先足以率人，律己才能服人

北宋诗人林逋在《省心录》中说："律己足以服人，量宽足以得人，身先足以率人。"他说的这几点都属于"表率"作用，从这些作用中可以反映出一个人的素质及德性。正所谓"善禁者，先禁身而后人；不善禁者，先禁人而后身"。一个管不住自己性格和欲望的人，怎么可能领导别人？

"以身作则"的重要性，古人无疑早就意识到了，这从历代教育家、领导者都十分重视"修身"就可以看出来。孔子曾说过很多关于自律（以身作则）的话，他说："其身正，不令而行；其身不正，虽令不从。""正人先正己，正己先正身；正身先正心，己正人才服。己不正，焉能正人？"又说"己所不欲，勿施于人"。这些都在告诉人们，管住自己，才有资格和力量说服和驱使别人；相反，一个不能以身作则的人，就无法让人信服，无法获得别人的尊重。

这是因为振臂一呼、应者云集的领导能力绝不是一个职位就能赋予的，而没有追随者的领导者剩下的只是职权威慑的空壳。也就是说，是追随者成就了领导者。一个领导者如果不能以身作则，不去认真履行自己的责任，就无法要求别人做到自律；不自律的人发出的命令，别人也不会真心实意地遵从。一个国家的君主、一个部队的统帅，如果能够做到严于律己，那么他的臣民或者士兵必然严格要求自己，每个人也会尽到自己的责任和义务。相反，如果君王统帅自我要求松懈，那么其手下就会格外放纵。

因此，领导者必须以身作则，养成良好的工作习惯和道德修养。以身作则是成功领导者优秀品质的表现，任何一个领导者都应树立自己的形象和人格魅力，让人们产生敬畏之心。只有正人之前先正己，才能上行下效，使大家心甘情愿地听从你的指挥；只有以身作则，处处做出表率，才有资格去要求别人，才能成为别人的楷模。想要别人做得好，首先要自己做得好；要求别人做到的，首先自己应做到。

士光敏夫曾任东芝电器的社长，还担任过日本经济团体联合会名誉会长，是一位受人尊敬的企业家。

1965 年，士光敏夫担任东芝电器社长一职，当时企业内部存在很多问题，如企业过大、层级过多、管理不善，虽然很多员工是专业人才，但是工作不积极，公司的业绩一直上不去。

为了彻底改变这种状态，士光敏夫提出"一般员工要比以前多用 3 倍的力，董事则要多用 10 倍的力，我本人则有过之而无不及"的口号。他坚信一个道理：以身作则最有说服力。

为了激发员工的工作热情，士光敏夫每天上班都早到半个小时，而且在上午 7 点半到 8 点半之间会见员工，让员工对公司发展提出意见，这样一来，员工们也不迟到了，并且对工作更加积极了。

由于之前管理不善，很多员工养成了铺张浪费的习惯，公司资金大量流失。为了杜绝此类事情发生，借着一次参观的机会，士光敏夫给东芝的董事们上了一课。

一天，一位董事想参观一艘名叫"出光丸"的巨型邮轮，由于士光敏夫已经看过，事先说好由他带路。正好去观光的那一天是星期天，和这位董事约好在"樱木町"的车站门口会合。那天，士光敏夫准时到达约定地点，等了好长时间，那位董事才坐着公司的车缓缓而来。

这个董事到达后，对士光敏夫说："社长先生，抱歉让您久等了，我们现在就出发吧。"这位董事说着环顾四周，没有看到士光敏夫的车，便问道："社长先生，我怎么没看到您的座驾？要不您与我坐同一辆车吧。"士光敏夫面无表情地说："我并没有乘公司的轿车，我是搭电车来的，而且我认为这个速度并不比你的轿车慢。"这位董事当时就愣住了，羞愧得无地自容。而这件事很快在公司传开了，上上下下立刻心生警惕，不敢再随意浪费公司的财产。

士光敏夫是以身作则的典范，他的以身作则也令东芝的情况逐渐好转。

实际工作中，领导者要做到以身作则，必须做到以下几点。

第一，具有自我管理素质。善于自我管理的领导者能够独立思考、工作，无须严密的监督。

第二，忠于一个目标。大多数人喜欢与将感情和身心都奉献给工作的人共事。除了关心自身，领导者应忠于某项信念及组织，如一个国家、一项事业、一个组织、一个工作团队或一个理想。

第三，培养竞争力。竭尽全力，以达到最好的效果。

第四，有魄力、讲诚信、独立自主、有判断力。

另外，平时应该注意自己的行为规范，以下 10 条可供参考。

1. 身先士卒。领导者要在各个方面树立榜样，从工作到举止，这一点是最基本的，也是最重要的。

2. 尊重所有下属，不论其性别、民族、宗教信仰及个性如何。

3. 尊重下属的隐私。你也许不得不在一位下属不在时翻他的办公桌，找一份你急需的文件，你当然有权这样做，但是这不等于你有权翻阅其私人信件。

4. 经常称赞、表扬下属。受到鼓励时，人们会把工作做得更好、更有效率。作为领导者，你的工作就是协调人际关系、鼓励他人、激发人的积极性，以达到管理的预定目标。

5. 注意批评要公正。公正的批评容易让人体面地接受。

6. 尊重他人的自主权。组织一个好的团队，然后放手让他们自己行事。不要把下属当小孩，监视他们的一举一动，那样会造成一种敌对、紧张的工作气氛。

7. 让下属有机会接触你。如果可能，每天将你办公室的大门敞开一会儿，虚心对待各种意见，甚至是批评你的管理方式的意见。

8. 用下属喜欢的方式称呼他们。如果你的下属比你年长，要注意说话的语气。即使不比你年长，也要使用合适的称呼。

9. 从小处着眼，礼让他人。管理者是有权者，因此应该在小事上表现出谦让，让下属感到自在些。当一个下属进入你的办公室要和你谈话时，应让他坐下；当下属和你长谈之后要离开你的办公室时，应起身道别；当一位下属度假或外出一段时间返回公司时，应与其握手，亲切地表示欢迎。

10. 不要把下属当作你的仆人。下属是来工作的，不是来唯命是从的，因此你应该自己去拿咖啡、自己结算收入、自己为度假而购物。

🎩 自律是对自我的克服

"人是需要被克服的东西。"尼采在《查拉图斯特拉如是说》一书中写道。为什么人是需要被克服的呢？我们需要克服什么呢？这就是尼采要解决的问题。因为他在对生命的探索中发现人性有太多的弱点，这些弱点让他为生而为人感到羞愧、感到愤怒，可他又太爱生命、太爱人类了，所以他要让人类摆脱这些弱点，使人类变得更加强大、更加无畏、更加高大。于是，他才发出这样的呐喊："人啊！你是个需要被克服的东西。"可以说，尼采的所有学说都是围绕人如何克服自己、使自己变得强大这个中心展开的，为此他提出了"超人学说"，激发人们不断超越自我，从而到达生命更高的地方。

毋庸置疑，每一个人的内心深处多少都隐藏了一些不易察觉的弱点，这种内在的弱点常常驱使一个人做出危及自己的行为。如果一个人对自己的缺点浑然不觉或者不知反省，结果就会把自己一步一步推向失败的境地。不知道自己在做什么，就是不知道自己的弱点，不能扬长避短、盲目行动的人。

是的，人性难免会有弱点，这些人性的弱点包括贪婪、心软、骄傲、自满、粗心大意、自卑、忌妒等。在投资领域，最容易显现的人性的弱点就是贪婪，对待这些弱点采取不同的态度就会有不同的结果。如果任由这些弱点疯长，那么最终的结果必然是失败；而如果能正视自己的弱点，并加以克服和改正，收获的必然是成功。像忌妒、懒惰、爱慕虚荣、撒谎等弱点，只要能够认识到，都是可以克服的，关键是自我反省和自我克制。

当然，有时候人性的弱点并不是决定性的弱项，利用得恰到好处反而能够成为一个强项。正视它、制伏它，你就会无所畏惧。

从某种角度来说，所谓自律，其实就是对自我的克服，不断克服情绪上、精神上、思想上的消极；不断克服自己的弱点、人性的弱点，做到慎独。因为人不是活在永恒中，什么都不是一劳永逸的，不是说通过自律达到了什么样的心境，我们就能永远活在这种心境中。一个人生活在这个世界上，每时每刻的感受都是不一样的。就拿我们自己来说吧，有时候，我们会感到一切是那么美好，仿佛什么都各得其所、得其所哉；可有时候，我们会因为种种烦心事或者莫名的烦躁不安，顿时对一切都失去了兴趣，变得情绪消沉、自怨自艾、自暴自弃、麻木不仁。而且无论一个人的修养有多好、境界有多高，难免总会有一些摆脱不了的烦恼，这就需要我们通过自律来不断维持动态的平衡，克服一些不利于自己身心的思想。

也许你现在还年轻，但正因为你还年轻，就更应该严格要求自己，只有在年轻时严谨、自律，才能克服人性的弱点，培养良好的品行。撒谎、欺骗、忌妒、怨恨、诽谤等人性的弱点都与品性上的缺陷有关。倘若一个人在各方面都相当纯洁，那么他的品行就不会受到影响。

当然，相对人性的弱点而言，人也有很多人性的优点，譬如正直、勤奋、活力等。可是如果你不拥有第一个品质，也就是说，如果你不具备正直的品行，其余两个就会毁灭你。所以说，即使利用人性的优点，也要建立在克服人性弱点的基础上。

但是人往往又是极其富有感情而脆弱的动物，从知道用树叶做成衣服的那一刻起，就学会了极力美化自己的优点，以便更好地去掩饰缺点。人就是这样一个复杂的矛盾体，渴望却又害怕认识自己，所以就会产生痛苦。在这痛苦之中，有人无力自拔，成了自己的奴隶；也有些人在经历了深刻的自我反省之后，勇于坦诚地面对世俗的眼光，向自己挑战，进而重新认识了自我。

人性的弱点最易让人迷失理性，所以我们要善于自我反省、自我批评，经常检视自己的内心。自我反省是提高一个人认知能力和办事能力的方法，缺乏自我反省是盲目者最显著的特征，他们不能从根本上清理自己的错误。而一个错误太多的人，只能在失败的道路上越走越远。

一个人如果失去反省的能力，他就看不见自己的问题，更不能自救。假如一个人不时常反省或管理自己，就很容易把责任推给别人，犯上自以为是的错误。

反省的好处是让我们更清醒地认识自己。在安静的心灵状态下，我们可以看清事情，包括自己对问题应负的责任、做事情的新方法以及阻碍自己的方式。反省让我们觉察到自己所设下的限制，以及我们思考中的某些盲点。一个人在反省自己的同时，其实也在接近成功。

如果你想成为一个成功的人，一定要先弄清人的本性，无论做什么都必须克服人性的弱点，才能跨上一个高度。如果不能清楚地知道自己的弱点并加以超越，那么你的能力以及思想高度就会永远停滞不前。

一个人唯有领悟了人性，克服了人性的弱点，才能找到成功的捷径。所以，你想要有所作为，就必须了解人的本性、探究人的本性。只有弄清楚人性的弱点，你才能有针对性地克服这些弱点。而只有正视人性的弱点，你才能超越它。

自律的最高境界是慎独

在心理学上，有一个词语叫作"慎独"，意思是说：独处的时候，没有他人的干涉和监督，凭着高度自觉，不做任何有违道德信念、做人原则的事。然而靠什么做到"慎独"呢？其实就是自律。

慎独作为一种道德修养，最早见于《礼记》，其中说："莫显乎微，故君子慎其独也。"坦荡的君子不需要别人来约束自己，他们会时时扪心自问"我像个君子吗"，并告诫自己不在别人看不到的地方放纵，这就是慎独。古人推崇"君子慎独"，就是说即使在独处时也要自律，不要做违背原则的事，因为即便没人知道，也有天知、地知、我知（自己的心知道）。

　　能否做到"慎独"以及坚持"慎独"所能达到的高度，是衡量人们是否坚持自我修身以及在修身中取得成绩大小的重要标尺。慎独是一种内在的道德力量，是一种高度自觉性，所以几千年来，中国人一直将慎独视为一种高尚美德，将正心修身作为人生第一要义。

　　东汉时期杨震的故事，就是一个严于律己的好例子。

　　杨震在担任荆州刺史时，发现秀才王密是个人才，便举荐王密为昌邑县令。后来杨震改任东莱太守，路过昌邑时，王密对他照应得无微不至。到了晚上，王密悄悄来到杨震住处，见室内无人，便捧出黄金 10 斤要送给杨震。杨震连忙摆手拒绝说："以前因为我了解你，所以举荐你，你这样做就是你太不了解我了！"王密轻声说："现在是夜里，没人知道。"杨震正色道："天知、地知、你知、我知，怎么说没人知道！"王密听了，羞愧地退了出来。杨震为官公正廉洁，不接受私礼，其子孙也是蔬食步行、生活朴素。有些老朋友劝他置点产业留给子孙，他说："使后世成为'清白吏子孙'，用这样的好名声做产业，不是十分丰厚吗？"

　　可见，一个慎独的人，往往也是一个高尚的人。不过，人非圣贤，孰能无过，即便是再慎独的人也难免有犯错的时候，所不同的是，慎独的人在犯了错误之后敢于纠正自己的错误，敢于承担自己的错误所带来的后果，哪怕为此付出沉痛的代价。

　　有一位名医在当地享有盛誉，有一天，一位青年妇女前来找他看病。名医检查后发现妇女的子宫里有一个瘤，需要动手术割除。

　　手术很快就安排好了，手术室里都是最先进的医疗器材，对于这位做过上千次手术的名医来说，这只不过是一个小手术。

　　他切开病人的腹部，向子宫深处观察，就在他准备下刀时，突然全身一震，他的刀子停在了空中，豆大的汗珠冒上额头，他看到了一件令他难以置信的事：子宫里长的不是肿瘤，是个胎儿！他的手颤抖了，内心陷入矛盾的挣扎中。如果硬把胎儿拿掉，然后告诉病人摘除的是肿瘤，病人一定会感激得恩同再造；相反，如果他承认自己看走眼了，那么他将会名誉扫地。

几秒钟的犹豫后，医生下定了决心，他小心地缝合好刀口，回到办公室静待病人苏醒。之后，他走到病人床前，对病人说道："对不起，我看错了，你只是怀孕了，没有长瘤。所幸及时发现，孩子安好，你一定能生下一个可爱的小宝宝！"

听完他的话，病人和家属全呆住了。过了几秒钟，病人的丈夫突然冲过去，抓住名医的领子吼道："你这个庸医，我要找你算账！"

最后，孩子虽然安好，而且发育正常，但医生被告得差点儿破产。

朋友问他，为什么不将错就错？就算你说那是个畸形的死胎，又有谁能知道？

"老天知道。"医生只是淡淡一笑。

慎独的人都有一双无法摆脱的天神之眼，天是心中那片天，心中有原则，做事就不会为得失所迷，心情就不会为得失所累。然而，在现实社会中，我们更多地见到这样的情形：在众人面前讲究卫生，独自一人时却随地吐痰；有警察时遵守交通规则，一旦路口无人值守就闯红灯；在自己熟悉的团体内谦恭有礼，一旦置身于陌生的环境就不再遵守公德。

很多人形成了这样的心理：规矩是给别人定的，而我自己可以想办法突破它。实际上，在契约社会中，只有人人都以自我约束的方式享受自由，才能获得持续的权利。这是现代社会秩序中的重要特点，也是诚信的基础。随着年龄的增长，我们将承担越来越多的家庭责任和社会责任，如何才能更好地履行自己的责任？唯有做到慎独。慎独是为人的最高境界，它既体现了道德自律的精神，又是提升道德修养的方法。

那么，在生活中，如何才能做到慎独呢？

首先，要对自己严格要求。中国古代思想家王阳明在谈到人们的修养时曾说："克己必须要扫除廓清，一毫不存方是，有一毫在，则众恶相引而来。"意思就是要人们在为人时应注意细节，绝不给自己留一丝一毫的死角，否则，众恶相引而来，后果不堪设想。

其次，要克制私欲和贪念。在众目睽睽之下，一般人还是能够约束自己的；而一旦脱去漂亮的"套子"，一人独处时，便往往肆无忌惮地放纵本性和私欲。比如，在没人知道的情况下拿别人的东西，会给别人造成损害，而一次得逞后有可能使人产生侥幸心理，结果在某一天约束不了自己，以致被绳之以法。也许有人只这样拿过一次，永不再拿，那么说明他还有良知；可是对一个有良知的人而言，他从此有可能永远逃不开自己良心的责备，终将后悔一生。所以说，慎独其实也是自律的最高境界。

最后，慎是慎独的核心。孔子说："三思而后行。"其实就是在说"慎"，告诫人们说话、办事时一定要思虑周详、小心谨慎，事事都要考虑周到，无论是有人、无人，无论是为公、为私，无论是大、是小，都要谨慎。恭德而慎行，这样就不易失败、不会后悔。

自律者才能享受到真正的自由

如果有人对你说"自律就是自由"，你可能觉得好笑。确实，对许多人来说，自律意味着被约束、被限制。但其实，任何自由都是以约束为前提的。如同《高效能人士的七个习惯》的作者史蒂芬·柯维博士所写的那样："不自律的人就是情绪、欲望和感情的奴隶。"从长远来讲，不自律的人是缺乏自由的，或者说他一时享有的自由和快乐是以牺牲更高的自由为代价的，只能说明他还只是一个奴隶，而非自我命运的主宰者。要知道，人必须接受一定的束缚才能获得真正的自由。

当然，世上没有绝对的自由。为了享受更多的自由，我们应明确自己的信仰，并坚守自己的原则，用自律来约束自己。

曹操是三国时期的枭雄，他虽然野心很大，但在自己统领的军队中留下了严于律己的美名。

一次，麦熟时节，曹操率领大军去打仗。为了不骚扰百姓、践踏庄稼，曹操下令："士兵如有践踏麦田的，立即斩首示众。"于是，士兵们在经过麦田时都下马用手扶着麦秆，小心地走过麦田，没有一人敢践踏麦子。老百姓看见了没有不称颂的。

可是，正当曹操骑马走过时，田野里忽然飞起一只鸟儿，惊吓了他的马。马一下子蹿入田地，踏坏了一片麦田，曹操立即叫来随行的官员，要求治自己践踏麦田的罪行。官员说："怎么能给丞相治罪呢？"曹操说："我亲口说的话自己都不遵守，还会有谁心甘情愿地遵守呢？一个不守信用的人怎么能统领成千上万的士兵呢？"随即抽出腰间的佩剑要自刎，众人连忙拦住。

这时，大臣郭嘉走上前说："古书《春秋》上说，法不加于尊。丞相统领大军，重任在身，怎么能自杀呢？"曹操沉思了好久，说："既然古书《春秋》上有'法不加于尊'的说法，我又肩负着天子交给我的重要任务，那就暂且免去一死吧。但是，我不能说话不算话，我犯了错误也应该受罚。"于是，他就用剑割断自己的头发说："那么，我就割掉头发代替我的头吧。"曹操又派人传令三军：丞相践踏麦田，本该斩首示众，因为肩负重任，所以割掉头发替罪。

古人认为，头发是从父母那里继承来的，随便割掉是大逆不道的不孝之举。曹操作为封建社会的政治家，能够割发代首、严于律己，实属难能可贵。

自律，就是自己管好自己。人世间，最顽固的人是自己，最难战胜的也是自己。自律对于一个人来说就好像一辆汽车的制动系统一样，如果一辆汽车光有发动机而没有方向盘和刹车的调节，就会失去控制，不能避开路上的各种障碍，就有撞车的危险。一个想要有所成就的人如果缺乏自律能力，就等于失去了方向盘和刹车，必然"越轨"或"出格"，甚至"撞车""翻车"。

在生活中，我们必然要接触各种各样的人、处理复杂的事，其中有顺心的，也有不顺心的；有顺利的，也有不顺利的；有成功的，也有失败的。如果缺乏自律、放任不羁，势必搞坏关系、影响团结、挫伤积极性，甚至因小失大，铸成大错，最终后悔莫及。因此，我们必须有较强的自律能力，管理好自己，才能让所有事情都在自己的掌控之中。

富兰克林说："我们判断一个人，更多的是根据他的品格而不是他的知识，更多的是根据他的心地而不是他的智力，更多的是根据他的自制力、耐心和纪律性，而不是他的天分。"

在日常生活中，我们要时时提醒自己自律，要有意识地培养自律精神。比如，针对自身性格上的某一缺点或不良习惯限定一个时间期限，集中纠正，效果会比较好。

千万不要纵容自己，给自己找借口。对自己严格一点，久而久之，自律便会成为一种习惯、一种生活方式，你也会因此变得更完美。

高品质的生活要有所节制

他人在看电视的时候，你能否在看书？他人在娱乐的时候，你能否去运动？他人在睡觉的时候，你能否早点起来？他人"老婆孩子热炕头"的时候，你是否能忍耐与家人暂时分开？要想成功，这一切是你必须付出的代价。很多人之所以无法克制这种懒散的习性，最重要的原因就是缺乏自律。

想一想，你生活中有多少次失败都是因为自律精神的缺失造成的：节食两天后，吃了一大块巧克力蛋糕，计划就此放弃；下定决心这个月一定要将计划书做出来，然而直到月末还只字未写；赌咒不到午饭时间绝不看邮箱，但才到10点，就自己打破了誓言……也许你曾暗自决定要变得更自律，也许你确信自己只需再努力坚持一下就行了，但是你没有；而这种难以坚持下去的结果会令你更加焦虑，因为你知道如果缺乏自律，你的目标将无法实现，你的人生也很难取得成就。

所以，自律就是在诱惑面前，用你的理智去支配行为而非用你的感情，它常常意味着牺牲一时的乐趣和克服一时的冲动。

贝利从小就显现出非凡的足球天赋，他常常踢着父亲为他特制的"足球"——用一个大号袜子塞满破布和旧报纸，然后尽量捏成球形，外面再用绳子捆紧。贝利经常光着黑瘦的脊梁，在家门前那条坑坑洼洼的小街赤着脚练球。尽管经常摔得皮开肉绽，但他始终不停地向着想象中的球门发起进攻。

渐渐地，贝利有了些名气，许多认识与不认识的人常常跟他打招呼，还向他递烟。像所有未成年人一样，贝利喜欢吸烟时的那种"长大了"的感觉。

有一次，当贝利在街上向别人要烟的时候，父亲刚好从他身边经过，脸色很难看。见状，贝利低下头，不敢看父亲的眼睛，因为他看到父亲的眼睛里有一种忧伤、一种绝望，还有一种恨铁不成钢的怒火。

父亲说："我看见你抽烟了。"

贝利不敢回答父亲，一言不发。

父亲又说："是我看错了吗？"

贝利盯着父亲的脚尖，小声说："不，您没有。"

父亲又问："你抽烟多久了？"

贝利小声为自己辩解："我只吸过几次，几天前才……"

父亲打断了他的话，说："告诉我味道好吗？我没抽过烟，不知道烟是什么味道。"

贝利说："我也不知道，其实并不太好。"说话的时候，他突然绷紧了浑身的肌肉，手不由自主地往脸上捂去，因为他看到站在自己跟前的父亲猛地抬起了手。但是，那并不是贝利预料中的耳光，是父亲把他搂在怀中。

父亲说："你踢球有点儿天分，也许会成为一名优秀的运动员，但如果你抽烟、喝酒，那就到此为止了，因为你将不能在90分钟内保持一个较高的水准，这事由你自己决定吧。"

父亲说着，打开他瘪瘪的钱包，里面只有几张皱巴巴的纸币。父亲说："你如果真想抽烟，还是自己买的好，总跟人家要太丢人了，你买烟需要多少钱？"

贝利感到又羞又愧，眼睛里涩涩的，可他抬起头来，看到父亲的脸上已是泪水纵横。

后来，贝利再也没有抽过烟，他凭着自己的自律精神勤学苦练，终于成为一代球王。

德国诗人歌德说："谁若游戏人生，他就一事无成，不能主宰自己，永远是一个奴隶。"一个人要想主宰自己，就必须对自己有所约束、有所克制，因为"毫无节制的活动，无论属于什么性质，最后必将一败涂地"。不论做什么事情，自律都至关重要。自我节制是一种控制能力，尤其能控制人们的性格和欲望，一旦失控，随心所欲，结局必将一败涂地、不可收拾。

那么，怎样做有助于培养自制力呢？对此，国外心理学家提出了多种理论和建议，其中"7个控制"的方法值得借鉴。

1. 控制接触的对象。选择自己喜爱的伙伴，结识对自己有帮助的朋友，对那些不利于成功的交往对象要控制自己，与他们少接触。

2. 控制沟通的方式。沟通的重要方式是聆听、交谈、观察，当你与他人交谈的时候，要控制自己的语言，使对方从你的话语中感觉到尊重并有所收获。

3. 控制思想。对于大脑进行思考的问题要有所控制，可以进行创造性的想象，而对于忧虑、苦恼则尽量少想。

4. 控制时间。无论是工作、娱乐还是休息，都应有时间安排，不能想玩时就玩上一天而忘了学习，想学习时就学上一天而忘了休息。

5. 控制忧虑。无论周围发生了什么事情，都要保持乐观的精神。

6. 控制承诺。不能随便承诺，一旦承诺了的事情就要努力做到。

7. 控制目标。科学的目标能帮助你保持愉快的情绪。

如果一个人有比较强的自制能力，那么他一定能够战胜自我、远离灾难，时刻感到快乐。如果遇到不幸的事，他一定能够泰然处之、化祸为福。

自律帮助你激发潜能

每个人身上其实都蕴含着无限能量，关键看你能否运用自律意识去挖掘属于自己的潜能，唤醒内心的那个巨人。潜能挖掘的深度对于我们的优秀程度和职位的高度有着决定性的影响。也就是说，潜能挖掘得越深、激发得越多，你就会越优秀，成功的概率也就越高。

杰瑞·莱斯被公认为美式足球前卫接球员的最佳代表，他的球场表现是最佳明证。

熟悉他的人说他是个天生的运动员，他的天赋及体能惊人，而且罕见，任何一位足球教练都想找到这样天赋优异的前锋球员。

获选进入美式足球名人榜的明星教练比尔·华西发出这样的赞叹："在我所认识的人当中，没有一个能赶得上他的体能。"单是这一点还不能使他成为传奇性的人物，在他卓越成就的背后有一个真正的原因，就是他的自律能力。他勤练身体，每一天都在为攀越更高境界而做好准备，在职业足球界没有人能像他这样有自制力。

莱斯自我鞭策的能力可以从他参加体能训练的故事说起。当他还在高中校队的时候，每次练习之前，摩尔高中球队教练查尔斯·戴维斯都规定球员以蛙跳的方式弹跳攀越一座40码高的山丘，来回20趟后才能休息。在密西西比炎热而潮湿的天气下，莱斯在完成第11趟之后就感到吃不消而打算放弃。当他打算偷偷地回球员休息室时，突然意识到自己的行为是不可取的。"不可以放弃，"他对自己说，"因为一旦养成半途而废的习性，它就会成为一种习惯。"于是，他掉过头来，回到练习场上继续完成自己的弹跳。从那天起，他就再也没有半途而废过。

成为职业球员之后，莱斯又以攀越另一座山丘而闻名。这是一处位于加利福尼亚州圣卡洛斯的野外山径，全长约2.5里，莱斯每天在此锻炼体能。有一些足球明星偶尔也来参加练习，但是没有一个人能够追得上他，全被他远远抛在后头，人人对他的体力赞不绝口。其实这只是莱斯固定锻炼的部分科目而已。当球季结束之后，其他的球员都去钓鱼或享受假期，莱斯却仍旧保持勤练的作息规律，每天从早晨7点钟开始做体能训练，直到中午。曾有人开玩笑说："他的身体锻炼到高度完美的状况，连功夫明星跟他比起来都只像个相扑选手。"

许多人所不了解的是，莱斯总把足球赛季看成一年365天的挑战。美国职业足球联盟明星凯文·史密斯这样描述他："他的确天赋过人，然而他的努力更是超越他人，这正是好球员与传奇性球员的分野。"

杰瑞·莱斯证明了自律所具有的强大力量，没有人可以在缺少它的情况下获得并保持成功。我们甚至可以说，无论一个人有多么过人的天赋，若不保持自律，就绝不可能把自己的潜能发挥到极致。

要挖掘自身潜能，必须做到以下两点：一是发挥自律，不断学习，好让自己走向完美；二是虚心听取别人的意见，加强自我管理。

学习的目的之一，无非是希望获得新的技能和知识。大家应该都很清楚，这将是辅助我们迈向优秀的重要资产。谈到学习，多数人的第一个想法或做法不外乎进修。进修的确是相当有用的方式，同时也是具有行动力的表现，但光有行动力显然不够，还需要持续力来帮忙。

学习最怕的就是半途而废。很多人可能都有这样的经验：下定决心好好运动，在健身中心缴了一年的会费，结果除了前两个礼拜很勤奋之外，接下来往往有诸多"不可预期"的意外会发生在你要去健身中心的那一天。在学习路上做了逃兵，不仅前功尽弃十分可惜，而且除了资源的浪费之外，还会给你留下负面记忆，阻碍你以后的学习，这才是最大的损失。该如何避免这种情况呢？唯有通过自律，自律让人自制，杜绝一切可能中断学习的诱惑，让个人发展更具确定性。

在这个世界上，有一些客观存在的规则值得我们去遵循，或许在某些人眼里，有的规则是因循守旧、不合时宜，这很可能因为这些人对其缺乏了解，不明白其中真谛。毕竟，能经过历史考验、历久弥新的金科玉律必定有相当程度的参考价值，应该能帮助我们学会如何通过自律来提升学习效果。

挖掘自身潜能的另一要点是虚心听取别人的意见。

在社会上求生存，免不了遭到上司、同事公开或私下的批评。不可否认的是，批评总是令人难受，甚至令人难堪的，由此便产生了一个重要问题，那就是如何接受批评。既然批评是免不了的，那么我们就应该培养足够的胸襟，容许不同声音的存在。往好处想、倾听不同的声音是纠正自己错误的最好方法，这也是自律、自我管理的一种体现。

对自己有信心的人多半会认为自己的想法很高明，自己的计划已经万无一失。自信是好事，但自信过了头，变成自大可就不好了。无论什么人都可能在匆忙之中做出错误的决定，这时不同的声音就如同久旱之后的甘霖一样宝贵。倘若能把自我管理放在首位，试着听听不同的声音，或许能避免一些严重的失误。

在接受批评时，可以针对以下3个要点加以斟酌：内容是否符合事实，方向是否正确，受评者与评论者之间的关系如何。对于那些恰如其分的批评意见，我们应该欣然接受，同时记得提醒自己，别人批评我们，并不代表在别人眼中自己是个一无是处的人。既然对方的意见是正确的，就没有理由逃避，甚至应该请对方提供更多的意见，这样方能更为有效地改正缺失。当然，忠言大多逆耳，这时更应该运用智慧，忽略那些听起来或许尖刻的言语，只听取言语中有价值的信息，如此方能更坦然地面对、处理他人的批评，并从中受益。

有时候批评者与我们关系并不密切，很可能不是很了解我们的状况，这样的评论大概不会有什么太多帮助，我们可以在不让对方难堪的情况下对批评充耳不闻。接受批评并不代表一味地倾听、一味地吸收，有时候批评只是沟通的开端。对那些就事论事、无所谓对错的意见如果持有不同看法，可以试着先肯定对方，再提出自己的观点和看法，达到沟通的效果。

　　在发展自我的学习方面和听取他人的意见方面做到自律自觉，就可以在挖掘自我潜能的"大工程"中一面铺路搭桥，一面查漏补缺，从而展现出自己最优秀的一面。

—— 第二章 ——
目标自律：拥有坚持的方向和动力

目标就是对于所期望成就的事业的真正决心，是对成功的一种渴望。一个人如果没有目标，就很容易在人生的旅途上徘徊，甚至迷失自己。所以，我们一定要树立自己的目标，并以自律作为实现目标的依托，一步步地朝着成功迈进。

🔖 没有目标的人生不会成功

古话说："欲行千里，先立其志。"这里所谓的"志"，就是人生的志向，也就是人生的目标。否则，漫无目的地走，最终只会误入歧途、一事无成。

所谓的目标，其实非常简单，就是你想要得到的东西。如果你非常想得到某件东西，就必须把它作为自己坚定的目标。我们在满心渴望地追求一个目标时，会触发许多与目标相关的事件，有些事件看起来微不足道，但如果我们处理得不好，就可能偏离自己的目标。这就像打电动游戏一样，最终的目标是打倒终极怪物，为了实现这一目标，你需要不断升级、获取装备……只要有一件事情没处理好，就无法获得最后的胜利。

有了目标之后，人就会激发起成功欲望。这种欲望可以启动我们的自律精神，因为当我们把行动和心中的目标联系在一起时，总是会有更优秀的自制力，不被外界的困扰所迷惑。

拿破仑·希尔认为，支撑人类生存和发展的一个重要因素就是欲望。只有那些拥有欲望的人才会产生不断奋斗的勇气和决心。松下幸之助曾经说过："如果你想成功，最重要的就是要有想去完成那件事的强烈欲望。心里一直想着不完成它绝不罢休，事情可以说已成功了一半。有了这种积极的成功欲望，一定能想出完成这件事的手段或方法。"这段话道出了一个亘古不变的成功法则：强烈的需求心从来都是推动人们成就事业的巨大力量。

人仅仅拥有一般的欲望是不够的，要成功就必须拥有和保持强烈的成功欲望。比如，如果你真的十分希望拥有财富，那么你就应该有发财致富的欲望，进而使这种欲望充满你的大脑。所有梦想做出一番事业和傲人成就的人都要将目标牢牢记在心中，时刻鞭策自己，只有这样，成功才会在某一天降临。

对于所有人而言，内在的精神是促使自己去实现目标的最大动力和积极因素。为什么失败者常常整日无所事事、虚度光阴？就是因为他们没有目标。没有目标，人就会迷失方向，开始漫无目的地徘徊，接受平庸的生活。

弗罗伦丝·查德威克是世界著名的女性游泳健将，也是世界上第一位成功横渡英吉利海峡的女性。

1952 年 7 月 4 日清晨，当时已经 34 岁的查德威克从卡塔林纳岛出发，试图穿越茫茫的太平洋，到达 21 英里之外的美国加利福尼亚海岸。如果成功，她将创造另一项世界纪录。

那天早上，大雾弥漫，她几乎看不到护送她的随从船队和人员。冰冷的海水冻得她浑身发麻，她咬紧牙关坚持着。时间一小时一小时地过去，成千上万的观众在电视前看着她，为她呐喊加油。

大约过了 15 个小时，她感到疲惫不堪，又冷又累，快要坚持不住了，于是呼喊着让人拉她上船。这时，她的母亲在船上告诉她，现在离加利福尼亚海岸已经很近了，千万不要放弃。可是，她朝前面望去，除了浓雾还是浓雾。又坚持游了半个多小时之后，她筋疲力尽，随从的保护人员终于把她拉上了船。

浓雾散去之后，她才知道，自己上船的地方离海岸仅有半英里的距离。

这是她长距离游泳生涯中唯一的一次失败。事后她对采访的记者说："说实在的，我不是为自己找借口，如果当时我能看见陆地，也许我就能坚持下来。"

两个月之后，她成功地游过了这一曾经令她失败的海域。

这个故事揭示了目标的重要性，人若没有目标，就会失去斗志，更会失去约束自我的自律能力，最后终将走向失败。

人活在这个世界上总会受到各种事物的影响，外在环境也永远在变化，如果没有树立坚定而且明确的目标，就难以树立起自律能力，容易接受一些消极的影响。相反，那些拥有明确目标的人则不会轻易被改变，所以他们显得更加执着、更有意志，也更容易成功。

哈佛大学做了一个关于目标对人生影响的跟踪调查，对象是一群智商、情商、学历、环境等条件差不多的年轻人。调查结果发现，27%的人没有目标，60%的人目标模糊，10%的人有着清晰但比较短期的目标，3%的人有着清晰且长期的目标。

25年的研究结果表明，那3%有着清晰且长期目标的人，25年来几乎不曾更改过自己的人生目标，都朝着同一个方向不懈地努力，25年后，他们几乎成了社会各界的顶尖成功人士。那10%有着清晰短期目标的人，大多生活在社会的中上层，他们的共同特点是：短期目标不断被达成，生活状态稳步上升，成为各行各业不可缺少的专业人士，如医生、律师、工程师等。那60%的模糊目标者几乎生活在社会的中下层，他们能安稳地生活和工作，但都没有做出什么特别的成绩。剩下的27%是那些25年来都没有目标的人群，他们几乎生活在社会的最底层。他们遭遇了失业的境遇，靠社会救济，并且常常抱怨他人、抱怨社会、抱怨世界。

哈佛大学的这个调查用事实证明了一个真理——没有目标的人生，最终会被命运抛弃。

对于每个人来说，要想实现自己的梦想，就必须时时将梦想放在心里，不要放弃每一个为了梦想而努力的瞬间，这是奋斗过程中不能缺少的一环。

事实上，人就是一种"目标动物"。正如亚里士多德说："人是一种追寻目标的动物。"当初诺贝尔为了制造出炸药，不惜花费数年光阴、投入无数家资，并且不顾自己和亲人的生命安全，只为实现自己的目标，虽历经艰险，但最终还是成功了。李时珍为写《本草纲目》更是行万里路、读万卷书，放弃高官厚禄，付出数十载光阴，终于功成名就。

爱因斯坦曾说："一个人只有以他全部的力量和精力致力于某一个事业时，才能成为一个真正的大师。"人若想有大成就，就必须有目标并专注于自己的目标。人生目标的确立，使人们在规划人生的同时可以更理性地思考自己的未来，只有确立了正确的目标，我们才可能到达想要的境界。

🎩 对目标择一而专

杂而不精和择一而专哪个更好？也许有人会说，杂而不精更好，因为这样的人了解的领域更全面；也有人说两者都没有最好，只有更好。但是经过自律的考量，我们要说的是，择一而专更好。如果你树立多个目标，那么指引的这种力量将被分散，每个目标都会平等地获得这种力量的一小部分，从而使作用变小，甚至根本不会产生任何作用。

人生的目标不在于多少，而在于是否专一。有的人的目标繁杂不均，不知道该从何下手，虽然目标很多，但通过自己身体力行，达成的寥寥无几。如果是这样的人，不管过了多久，等到我们回过头再去看的时候就会发现，其实他们一直在路上，一直在路的起点，永远都是在岔路口徘徊，不知道自己该走哪条路。

20世纪80年代，国内一位年仅16岁的花鸟鱼虫画家举办了个人画展。他的作品被选送到美国、法国等国展出，被世人称为"天才画家"，种种荣誉铺天盖地地向他涌来。但是，这位画家依然坚持自我，该如何作画还是如何作画，不为名利所动。

在一次画展上，有人走过来问画家："你现在取得了这么大的成就，是什么样的力量让你从众多画家中脱颖而出呢？一路走来，你是不是感觉非常艰难？"

画家微笑着说："其实一点儿都不难，在开始时，我是很难成为画家的。当时，我父母非常希望我能全面发展，我不仅喜欢画画，还喜欢游泳、打篮球等，我也希望自己能全方面发展，而且各个方面都要有所成就。正在我迷茫、准备全面发展的时候，我的老师找到了我。"

画家继续说："老师拿来一个漏斗和一把玉米种子，让我把手放到漏斗下面接着。老师先把一粒种子放到漏斗上，那粒种子很顺利地就滑落到我的手中了，如此再三，结果都是如此。老师又把一把玉米种子都放到了漏斗上，但是因为玉米种子相互拥挤，竟然一粒种子都没有滑落到我的手上。这时，我才知道，我的人生目标太多，反而得不偿失，所以我必须找到一件自己最喜欢的事情，然后全身心地投入，这样我才能取得成功。为此，我放弃了篮球等诸多爱好，全身心地投入画画中来，最后才取得了今天这样的成绩。"

故事中，画家的感悟不可谓不深刻。人生有太多的牵绊，年龄越大牵绊越多。如果我们被众多不必要的目标所左右，那么我们的人生将变得杂而不精，长此以往，就很难取得大的成就了。人们常说，心有多大，梦想的舞台就有多大，但我们需要的是专一的目标，如果目标太多，舞台的负重就会变大，很有可能承受不住，最后免不了出现倾塌覆灭的危险。

很多人会问：世上的路有千千万，哪一条才是属于自己的康庄大道呢？答案是，能够吸引你的就是最好的。我们每个人的一生会走无数条路，但能够让我们记忆深刻的道路只有几条，而这几条路，有的让我们获得了成功，有的则让我们失败了，但自己觉得尽力了就行。尽自己的全力去做一件事，就算失败了，我们也不会后悔。

在人生的千万条道路中，我们要找到真正适合自己的道路，这样才能发挥出自己的自律意识，让自己不断为之奋斗。你可以在这条路上尽情地奔跑，因为你的激情在这条路上永远不会消退，因为你将执着于自己的目标，它可以让对它感兴趣的人全身心地投入，永远不知疲倦。

有的人一辈子做了很多事，但是能让人记住的一件也没有；有的人一辈子只做了一件事，却让人记忆犹新。成功者不是处处都比别人强，而是他们比其他人走对了几步路，而这几步路就是自律意识在起关键作用。

很多人总是习惯变换目标，今天确定的目标，明天就会产生怀疑、见异思迁，把自己刚刚确定下来的目标否决掉。有的人常常想，人生目标要慢慢找，欲速则不达，就这样一直找到了最后，纵然到了人生尽头，也没有找到属于自己的目标。目标要早早确立，我们在孩提时代就听老人们说过"三岁看小，七岁看老"。确立目标要趁早，奋斗更要趁早。没有目标的人生是可怕的，你会像一叶浮萍一样，风雨的走向就成了你人生的方向，这样的人生是没有意义的。

专一的目标会带领我们走向成功，而在通往成功的路上，我们会感受到目标给我们带来的强大气场。我们都知道佛家以坐禅修身，而坐禅就是专一，要求心无杂念，如果心中想得太多、目标太多、尘世纷扰太多，就容易被影响，做不到心无旁骛。目标专一并不是一纸空谈，比如"杂交水稻之父"袁隆平、"两弹一星"功勋奖章获得者钱学森、万有引力的发现者牛顿等，他们正是因为有专一的目标，永远都在路上奋斗，最终成就了伟大的人生。

我们知道，成大事者不拘小节，但是成大事者更要学会摒弃次要的目标，抓住主要目标，因为主要目标对我们的影响是最强大的，而目标太多，反而会让我们的自律意识分散。因此，我们要做的就是抓住主要目标，舍弃次要目标，让所有的精神力量为自己的主要目标服务，这样目标才能离我们越来越近，而黎明的曙光也终将到来。

■ 有计划地执行才能事半功倍

从实践看，树立目标总离不开3个步骤：第一个步骤是确定自己的目标；第二个步骤是制订实现目标的计划；第三个步骤是做出时间安排，确保计划的实现。

　　每一个人都应该树立自己的目标，为了实现人生目的，我们必须有计划地度过每一天。所以，有了目标之后还要学会计划，因为目标需要计划来实现。正所谓有人在计划成功，有人在计划失败，就是这个道理。

　　在职场中，有了计划，我们工作时才会有方向和重点，工作起来才能有条理。作为一个必须十分注重时间管理的职业人士，为了拥有更多的时间，就必须养成制订计划的优良习惯。养成一个好习惯，会使我们每做一件事都效率攀升。

　　马肯基氏的调查报告显示，在计划上投入较多时间的人和没有投入很多时间的人相比，前者能够在非常短的时间内实现计划，而且效果非常不错。这表明有效的计划能成为高效利用时间的奠基石。有的人可能抱怨自己总是没有时间制订计划，可以说这根本就是借口，这样的人别想得到预期的效果。马肯基氏对此提出了警告："一流的企业员工做事必须在计划的指导下进行。我们与其紧张地工作，不如轻松地前进。花一点时间全部安排好计划，就能够让我们在行动过程中节省很多的时间。"

　　美国前总统罗斯福就是一个注重计划的人，他总是把自己该做的事全部记录下来，然后去拟定一个整体的计划表，规定自己要在某些时间内做某些工作。正因如此，他总是按照自己的时间计划去做事情。通过他的日程表就可以看出，一天的时间被他安排得井井有条。等到该睡觉的时候，所有该做的事都完成了，他就可以放心地去睡大觉。

　　按照时间和内容，大体上可以将计划分为以下几类：日计划、周计划、月计划、季度计划、年度计划以及专项计划等。

　　1.制订月计划

　　月计划一定要比周计划更加宏观。一般来说，月计划包括下一个月要去做的重要事项，因此月计划是一项相对长期的计划。一定要指出的是：月计划必须是与企业的目标以及部门在某一段时间内的工作内容紧密地联系在一起的。

　　例如，一个人在未来一个月内要完成一个目标，那么他可以把月目标分成 4 个周目标来实施。

通常来说，周计划必须遵从月计划，因为很多重要的工作不是在一周之内所能完成的，而是一个连续的过程。但任何计划都赶不上变化，谁也不可能预先制订出一个完美无缺的月计划。

2. 制订周计划

在做周计划之前，应对所有工作进行一次全面性的检查，然后再根据工作目标、月计划、工作日志、排定的活动、待办的事项等去安排周计划，这样才能安排好工作的优先顺序。

3. 制订日计划

为了确保按时完成计划，必须每日将计划写下来，这样做可以控制和利用好时间。

每日计划可以包含下列内容。

（1）当天目标，就是必须当日完成的工作。

（2）预留事项，预定的特别事项所应该准备的时间。

（3）待做事项，并不是很重要的工作。

制订和实施日计划的 5 个步骤如下。

（1）把每一个目标任务清楚地写出来。

（2）确定当天的重要事项，提前安排好优先顺序。

（3）准确估算一下时间的长短。

（4）写出行动方法和工作步骤。

（5）预测可能出现的问题并定出相应的应对措施，留一些缓冲时间以备随时可能发生的变故。

最好在每天晚上做好明天的日计划，并检查每天所做的工作是否与周目标相吻合。一周之后，检查所做的工作是否与月目标相一致。以此类推，检查我们每个月所做的工作是否与季度目标相一致、今年所做的工作是否与人生目标相一致。

在制订日计划之时，一定要清楚地考虑到计划的弹性，千万不能将计划制订在自己的能力无法达到的高度，而应该制订在自己的能力所能达到的范围，因为我们每天都会遇到一些随时出现的情况，或者领导交办了新的临时任务。如果我们每天的计划都排得特别满，那么在执行临时任务时就必然挤占既定的工作时间，因此原计划就肯定完不成，久而久之，计划就会失去严谨性，领导也会认为我们不是一个很有时间观念的员工，我们自己对制订计划这项工作也会逐渐产生怀疑心理。

如果计划要做的工作没有做完，我们就应该马上去做，而不是为拖延去找借口。如果一个职场人士总为自己的拖延找借口，不仅会浪费时间，工作效率也难以保证。更重要的是拖延还会消磨人的意志，纵容人的惰性。因此，一旦拖延形成一种习惯，我们就会对自己越来越没有信心，甚至会让我们的性格变得优柔寡断。

■ 将大目标科学分解为小目标

对于我们每一个人来说，只要能够正确地确立目标并积极地去实现它，就会获得成功的人生。其中"确立目标"可以说是相对容易的，最难的是实现目标。

很多人有着许多远大的理想，但最后没有去实践，这是因为他们被庞大目标给击败了，实现目标所需要的勇气也被心中的恐惧击碎了，所以他们的目标很难实现。事实上，有很多目标看似很难实现，但是我们完全可以通过"目标多权树分解法"来实现它们。

那么，什么是"目标多权树分解法"呢？在回答这个问题之前，我们先来看一个故事。

在 1984 年的东京国际马拉松邀请赛中，日本人山田本一出人意料地获得了冠军。在记者招待会上，他说出了自己赢得比赛的秘诀，原来山田本一将马拉松全程分为好几个阶段，站在起点上时，他心里并不去想那漫长的数十公里路程该怎么坚持下去，而是只想着眼前这个阶段的不到 1000 米该如何跑完，这样一来，心理压力就降到了最低，发挥得也更出色了，最后终于赢得了冠军。这就是分阶段实现目标的好处。

在一个很大的目标面前，人们经常因为目标的艰辛而感到失望，甚至怀疑自己有没有能力完成，自律性更是无从谈起。可是，当我们在一个小目标面前的时候，总是会充满信心地实现它。当我们实现了每一个小目标，大目标距离我们也就不远了。

"目标多杈树分解法"就是将大目标科学分解为小目标的方法。"目标多杈树法"又叫"计划多杈树"，就是指用树干代表"大目标"，用每一根树枝代表"小目标"，用叶子代表现在就要去做的事。这是一种很有条理的划分方法，能把一个个宽泛的目标分解成具体的目标，能够让我们更好地去工作。

那么，如何运用"目标多杈树分解法"呢？

将那些大目标写出来，然后问问自己：实现这些目标需要什么样的条件？继而列出实现目标的相关条件。而这些需要完成的条件就是我们达成这一目标之前必须实现的小目标。因此，每一个小目标都是大目标上的树杈。

紧接着再问问自己：要实现这些小目标的相关条件是什么？然后，写出实现每一个小目标所需要的"必要条件"与"充分条件"。这样一来，我们就会找到这些小目标上的"杈树"。依次类推，等画出所有的"树叶"，我们就算是完成了该目标的"多杈树"的分解。每一个目标到最后都可能被描绘成一棵枝繁叶茂的大树，所以一棵完整的"目标树"就是实现这一目标的具体行动计划。

检查"目标树"的分解是否具体，只需反过去从叶子到树枝，再到树干不断地去数，然后不断地问：如果这些小目标都实现了，那么这些大目标就一定会实现吗？如果"是"，那么就表示这个分解是正确具体的；如果是"否"，那么就表明所列的小目标还不够充分具体，需要继续补充被忽略的小目标。

"目标多杈树分解法"详细步骤如下。

（1）写出一个很大的目标。

（2）写出实现这一目标所有的"必要条件"和"充分条件"，再将这些条件作为小目标，即我们所说的第一层树权。

（3）写出实现每一个小目标所需的"必要条件"和"充分条件"，这些条件就是我们所说的第二层树权。

（4）依此类推，直到画出所有的树叶之时就表示实现了目标，这才算完成了这一目标。

（5）检查"多权树"的分解是否具体，就应该不断检查，如果小目标都没有实现，那么大目标肯定实现不了。如果小目标都已完成，所列的条件已经足够充分，那么大目标也会实现。

（6）评估目标。所谓目标评估可以分为"目标合理性评估"与"计划可行性评估"两大类，这两种评估的核心就是对于目标大小的正确评估。

评判标准之一：当目标被完全分解后，却发现在单位时间内无法完成"树叶"显示的工作量，那么就表明这一目标太大，还需要继续分解。

评判标准之二：当目标被完全分解之后，发现在单位时间内可以轻易完成"树叶"显示的所有工作量，那么表明这一目标太小。

（7）判断目标能否实现。将目标"多权树"分解后，如果列出的条件全部是"必要条件"，那就表明即使这些小目标全部达成，大目标也不一定能够实现。如果列出的条件是"充分条件"，就算除了"必要条件外"还有充分的条件，那就表明只要小目标全部实现，这一大目标就一定能够实现。假如小目标全部实现了，但是大目标不一定达成，那么则表明分解时忽略了其他辅助条件，这时候我们就应该立即予以补充，直到所有的条件完全充分为止。

运用目标多权树分解法，我们可以将看似遥远的目标无限拉近。其实，每个人的成功都是他实现自己的人生目标（包括小目标或大目标、短期目标或长期目标）的全过程。无论多么恢宏的理想，也是一个个小目标的集合。就像打仗一样，不管你的战略构想有多么宏大，都要先去计划好一城一池的得失。如此，才是脚踏实地、贴近现实的有效奋斗。

—— 第三章 ——

责任自律：敢于承担，才能不可替代

> 职场生涯变化万千，很多事情都让人无法预料，只有让自己时时保持高度的责任心，才能经受得住各种考验，才能在困难和挑战面前更有力量和勇气。责任意味着承担，意味着进度，意味着敢于走出舒适区、不断革新……在责任面前高度自律，你会成为组织中不可替代的人。

▋ 始终保持锐意进取的状态

我们正处在一个快速发展、不断变化的时代，昨日的成就不能代表今日和明日的成就，只有怀着强烈的进取心与时俱进、超越自我，才能保持住以往的优秀。但是，人与生俱来有一种惰性，这种惰性会不断侵蚀进取心，如此一来，再强烈的进取心也只能维持一时，难以成为习惯。要想以高度的自律维持进取的状态，就必须让自己时时谨记；在激烈的竞争中，要么选择进取，要么被迫出局。

不少事业小有成就的人，对于实现目标的渴望已经不像以往那样强烈。当奋斗的方向变得模糊，他们多少会产生"刀枪入库，马放南山"之类的想法，那么最终结果只有一个，就是被更有目标、更有进取心的人所淘汰。所以，一个想要成功的人就必须时时自警，让自己始终保持锐意进取的状态。

作为美国棒球界历史上最伟大的投手之一，莫德克·布朗的成功经历完美地诠释了进取心和成功之间的关系。

莫德克·布朗从小就立志成为棒球联盟的投手，可是上帝并没有因此眷顾他。小时候，他在一家农场做工，右手不慎被机械夹住，导致中指严重受伤，食指的大部分残缺不全。要知道，对于一名投手来说，失去手指意味着要想成为全棒球联盟最好的投手几乎是不可能的。在他受伤之前还有机会去争取，可是在他的右手致残之后，这个梦想似乎变得遥不可及了。

然而，这位少年并不这么想，他没有因此放弃自己的梦想，而是完全接受了不幸的事实，尽自己最大的努力学习如何用剩余的手指来投球。

后来，他有机会成为地方球队的三垒手。有一次，当莫德克从三垒传球到一垒时，教练刚好站在一垒的正后方。当教练看到莫德克传出来的球快速旋转划出完美的曲线，落入一垒手的手套里时，不禁惊叹道："莫德克，你是天才的投手，你的控球能力实在太出色了，投出的高速旋转球任何打击者都会挥棒落空的。"

的确如此，莫德克投出的球，球速之快、角度之刁钻往往令打击者束手无策。就这样，莫德克将打击者一个个三振出局。他的三振纪录和胜投次数高得惊人，不久便成为美国棒球界的最佳投手之一。

事实上，正是他因受伤而变短的食指和扭曲的中指使球的旋转产生了与众不同的角度和力道。莫德克之所以能够实现自己的梦想，依靠的正是这股积极进取的精神，即便遭遇了重大变故，阻碍了梦想，他也能坚持下去。可见，一名有进取心的人，即使屡遭失败仍然不会放弃努力。而成功大小的衡量标准也不是人生的高度，而是我们一路上所克服的障碍的数目。

对现状的不满足，是促使我们不断追求成功的强大动力。世界上有很多一无所有、一事无成的人，而造成他们一无所有或一事无成的原因就是太容易满足。期待自己能上进就绝对不能自满地停留在现有的地位，目标应该定得更高，眼光应该放得更远。

未来的发展可以永无止境，我们可以选择继续前进，或停滞不动，或直接放弃，关键在于你能否坚持自律，避免让惰性放大，淹没了自己。那些在事业上取得成功的人，莫不是保持着"努力进取"的信念努力前进的，目标的设定与实现是最好的方法。其中比较积极、有远见者，甚至会在达到某一个目标之前就已经设定好后续许多个不同阶段的目标，从而展现对自我人生的高度把控性。

在目标实现之后，优秀的人不会耽于安逸，因为他们知道，竞争永不停息，所以人不能安于享乐。正是这样的自警和自律促使他们再度接受挑战，朝着下一个目标迈进，如此周而复始，永远向更远大的目标挺进，全身心投入到追求更优秀的境界中。

这些人永远能够从生活、工作以及获得的成功中感受到由衷的喜悦。他们始终保持着旺盛的斗志和充沛的精力，昂首向前，不管在任何时候都不会丧失热情。对他们而言，"已经达到最终目标"的情况是不存在的，优秀的人无时无刻不在为自己的新目标而不懈努力，并且享受过程、乐在其中。

优秀来自自律而非超能力，人当然会有感觉疲惫的时刻，也可能会想更随便一点地生活，但是自律和自警能让你再度打起精神。个人的进取心是实现目标不可缺少的要素，进取心会使我们进步，因而给我们带来更多成功的机会。

1948年，牛津大学举办了一场主题为"成功秘诀"的讲座，邀请丘吉尔来演讲。

丘吉尔做手势止住了如雷的掌声，他说："我的成功秘诀有3个：第一，决不放弃；第二，决不、决不放弃；第三，决不、决不、决不放弃！我的演讲结束了。"说完就头也不回地直接走下了讲台。

经历了整整一分钟的沉寂，全场鸦雀无声，随后观众席上爆发出经久不息的热烈掌声。

这些掌声不仅是对这位伟大的政治家、外交家的尊敬，更是对这位大人物进取精神的一种褒扬。

保持进取心、追求卓越是成功人士永远的信念。这种信念不仅造就了成功的企业和杰出的人才，还促使每一个努力完善自己的人在未来不断地创造奇迹。

每一位成功者都有勇往直前、不达目的誓不罢休的进取心。当一个人具备这种进取心，就将如虎添翼、力量倍增，任何困难和挫折都阻挡不了他。凭借进取心，我们敢于面对重重困难，敢于面对各种挑战，更敢于向"不可能"挑战，因为在进取心之下，所有困难与考验都是成功的必修课题，只需面对，无须恐惧。

能坚持不懈做到自律的人，不会仅靠运气来获得成功，他们即使在最艰难的时刻也会坚持工作，决不会放弃努力，这就是成功的关键所在。

进取心能促使一个人知道自己应该做什么，并且积极主动地去做应该做的事情。进取心与自律的态度相辅相成：有进取欲望的人更容易做到自律，而以自律的态度对待工作的人，相对地，能更长久地让进取心推动自己的工作。

⚫ 完成分内职责，无须他人监督

职场上，有些人总是好高骛远，只想着将来要获得什么样的成绩，而忘了自己分内的责任，这种人是很难获得成功的。即便你的工作再卑微，也要记住，那是你的责任，只有尽到了自己的责任才有资格谈成功。

成功不见得在大领域内才能创造，即便是在范围有限的专业领域，只要专心钻研，不轻易放弃，不轻易自满，学会自律，让一次又一次的成功表现成为跳板，在小领域也能创造大成功，攀登一座座人生高峰。

在英国赛马界有一位声望极高的权威性人物——亨利·亚当斯，他既不是名声显赫的领导者，也不是技能出众的骑师，而只是一名负责钉马掌的铁匠。可为什么这个在一般人印象中的"小角色"会成为重量级的人物呢？原因其实很简单，因为他总能给赛马钉上最合适的马掌。

亨利常说："我钉了一辈子的马掌，这就是我的工作，也是我最关心的事。每当我看到一匹马，首先想到的就是这匹马要钉一副什么样的马掌最合适。"

钉马掌的铁匠，或许有人会认为这份工作微不足道，但亨利通过它为自己赢得了极大的财富和荣耀。即便在他年事已高时，找他钉马掌的骑师仍然络绎不绝，排队等候更是常有的事情，可见其受欢迎的程度。

实际上，亨利就是典型的"从小处创造大成功的人"。如果你也希望能够像他这般，那么就必须先尽到责任、做到自律。不妨通过问问题的方式来提醒自己、训练自己。例如，我是否明确了解自己的职责？我是否能够抗拒各种诱惑，把工作做到尽善尽美？我在工作不如意的情况下，是否也能"在其位谋其职"，仍旧投入自己全部的精力？如果对上述问题你皆能获得肯定的答案，那么属于你的成功应该就在不远处了。

当然，成功永远不会唾手可得，在过程中吃点苦头是难免的，不过，如果能站得高一点，看得远一点，眼前的困难就会变得微不足道。最好的办法就是发挥自律，对自己严格一点，定下更高的目标，提出更高的要求，并且一步一个脚印，排除万难，踏实地完成。在具备承受挫折与考验的能力之后，你会清楚地知道，今日的磨炼是未来成功的基石，往后若是再面对工作中的各种困难，便能够泰然处之了。

或许有人心里会这么想："我负责的是再普通不过的工作，就算做得再好也看不到出路。况且那么无聊的工作和优秀根本扯不上边儿，只是混口饭吃罢了，要通过工作来变得优秀谈何容易？这种方法可能不适合我吧！"这种想法其实是非常危险的。对于一个有自律能力的人来说，"尽本分"是不可逃避的责任。是否做好了本职工作也是一个人竞争力最好的体现。著名经济学家茅于轼在《中国人的道德前景》一书中说："一个商品社会的成熟程度，可以用其成员对自己职业的忠诚程度来衡量。社会成员具有强烈的职业道德意识是商品经济长期锤炼的结果。一个人如果不尽本分，不忠于自己的职守，必然会被淘汰，不像在德行的其他方面，如果有什么缺点还不致立刻威胁到自己赖以谋生的手段及饭碗。"

虽然绝大多数的人身处不同的工作岗位，但若将其工作内容抽丝剥茧地细细审视，便不难发觉可能有九成以上的人都在做着延续性、重复性、维护性的工作，单位里真正能做开创性工作的人大概不超过10%。这么看来，难道只有少数的人才是有竞争力吗？答案是否定的，一个人之所以优秀，不在于其担任什么样的职位，而在于其是否有足够的自制力来完成看似枯燥的工作，并且在这份工作中提高自己的竞争力。

某大厦的电梯间里有一道亮丽的风景，一支由年轻女孩组成的电梯服务队给人留下了深刻印象。她们身着空姐式的制服，工作场地是只有几平方米的电梯间。工作虽然很辛苦，但是她们在迎来送往的工作中始终面带微笑，凡是来过这里的顾客都对她们那如花般灿烂的笑容记忆犹新。

电梯员的工作很枯燥，每天重复的语言只有这样几句话："您好！请问您去几层？""好的！请您慢走，谢谢光临。"这些看似简单的语言说起来容易，每天重复却不是一件简单的事情。

黄某就是这个企业的一名电梯员，她刚刚来到这家企业的时候，是一个性格腼腆的女孩，很自卑，领导就针对她的性格，有意让她多参加对外宣传、演出等活动。渐渐地，黄某的性格变得开朗活泼起来，在公司的悉心培养之下，她已经成为这家企业的明星人物，见到她的人都亲切地称呼她为"微笑大使"。热情、周到的服务不仅为黄某迎来了众人的好评，同时也带给她更丰厚的薪金和更多的机会。

真正技艺高超的厨师在大秀厨技时会选择家常菜；画技高超的画家用简单的线条，三两笔就勾勒出感动人心的画面。谁说复杂的事物才值得用心？谁说困难的工作才得认真呢？就算是再平凡、再普通的例行公事，也应该尽本分地妥善执行，因为即便是一项简单的小任务，只要能圆满地完成，结果就是100分，谁能说屡屡拿下满分的人不优秀呢？而优秀，就可以为自己创造更多的机会。

所以，无论做什么工作，都要在明确职责的前提下，心无旁骛地把每一项任务尽可能地完成好。不论有没有旁人监督，我们都应该认真负责地做好分内事，因为这是一条帮助我们脱离平凡、走向成功的最佳道路。

▇ 把握机会提升自己，做到不可替代

"真烦！有什么事都找我！"

"我为什么这么倒霉？别人都不用做，就只有我要做。"

面对日益繁重的工作，你是不是也曾这样抱怨？你是不是认为上司在亏待你，给你微薄的工资，却让你终日忙碌不休？如果你真的有这样的想法，赶紧给自己一个警告吧。在这个生活压力越来越大、竞争越来越激烈的年代，能"一人当多人用"的人往往是最有价值的，也是能站得最稳的。为了保住自己的事业，你必须有足够的自律，告诫自己放下所有的不情愿，以积极的心态投入工作中；被交付重任，你应该庆幸自己有了施展能力的平台，而不该抱怨。

多年前，一个女孩被成功聘任为助理，她的工作内容很简单，就是帮忙拆阅、分类信件。执行工作时，她总是面无表情、一板一眼。显然，对女孩来说，这份工作虽然说不上不开心，但想必也没有多快乐。

有一天，经理经过这个女孩的工位时，突然停了下来对她说："我知道你认为工作很无聊，但是你可以尝试从中找点乐趣，而这一切的前提就是你能够有足够的自律让自己投入工作中。"

连经理自己也没想到，他的这句话给女孩带来的改变会来得这么快且剧烈。此后，女孩开始在晚饭后回到办公室继续工作，不计报酬地做些分外的工作，比如替领导回信给客户。为了力求把工作做得完美，她认真研究经理的写信方式，努力让这些回信看起来更完善。在不断的钻研中，女孩感受到了工作的乐趣。她持续这样做，似乎不在意经理有没有注意到。

而经理嘴上虽然不说，其实都看在眼里。

过了没多久，经理开始交付给她一些原定工作以外的事情，她的表现从没让经理失望过。在前任秘书离职后，她理所当然地成了经理秘书的首选。升职时，她写了一封感谢信给经理，经理却对她说："这一切都源于你的自律，当你发现自己的错误之后，能够马上改正自己的态度和做法，这就是最大的竞争力！"

如今，越来越多的组织和团队从注重学历转变为注重员工的综合素质，这其中包括工作经历，也包括工作态度和价值观。让领导者看到你的责任意识和执行力，这样才能成功提升自我价值。在没有得到这个职位之前便已身在其位，这是女孩获得提升的重要原因。而她能够在下班之后，在没有任何报酬承诺的情况下刻苦训练自己，这就是自律的力量。

学习的脚步永不能停息，要想不断提升自己的价值，自律能力是基础。一个自律的人能够突破自身限制，这个"限制"指的是我们的能力所能达到的高度和宽度。在提升自身价值的过程中，不必在意领导究竟有没有注意到，也不用忙着计较自己能不能因为多做的事情而得到额外的报酬。如果我们能够发挥自律，让自我达到这种境界，那么一定能够实现自我价值，成为那个"不可或缺"的人。

可能多数人都认为混日子是件轻松又惬意的事。我们先不讨论这种观点的是非对错，仅看其中的得失利弊。请想想，现实生活中，有哪家企业或组织会给不能为公司创造利润的员工增加福利和薪水呢？抱着混日子的想法来工作，不但工作无法持久，而且前途渺茫。想要前途光明，首先得让领导者感到你"物有所值"，之后再力求"物超所值"。如此，你才有机会在企业或组织中占得一席之地。

没有人喜欢做亏本的生意，企业聘用员工，当然会定下期望值，期望值的依据就是学历、能力和资历。当个人表现与企业的期望值相吻合，他会被认为"物有所值"；当表现超越了企业的期望值，他就会被认为"物超所值"。从表面上看，受惠者是企业，但实际上是"双赢"，因为随着你个人价值的提升，组织或团队对你的依赖度就越深，这就形同一种保障，也是一种胜利。做到"物超所值"，就等于具备了真正的竞争力。有了竞争力，便不容易被取代。

有的人会说："我的职位又没多重要，怎么彰显自己'物超所值'呢？"别担心，就算职位再普通，你也能做出高于常人的成绩，而这一切的前提就是你要懂得自律，始终保持进取的状态。

🎩 保持时间领先，比别人更快一步

你是不是总是第一个到公司、最后一个下班？别人花半天时间就能完成的任务，你是不是总要花一天，甚至两天的时间来完成？同样的工作内容与工作环境，同事的业绩为什么总是比你好很多？这时候，你可能会愤愤不平，并且会怀疑同事做事不够仔细、打马虎眼，其实只是你比别人慢了一步而已。

当今是一个快节奏的时代，只有更快才有更强的竞争力，如果你落于人后，那么离被淘汰也就不远了。所以，你需要从今天起自律一些，逼着自己比别人更快。

在非洲草原上，狮子、羚羊等动物错落盘踞在各自的角落里。

太阳初升，一只羚羊猛然从睡梦中惊醒，然后快速地跑了起来，羚羊知道："如果慢了，我就可能被狮子吃掉！"于是，它起身朝着太阳的方向飞奔而去。

就在羚羊醒来的同时，一只狮子也从睡梦中惊醒。"赶快跑！"狮子心想，"如果慢了，我就可能失去猎物。"于是，它也起身，朝着太阳的方向快速奔跑。

谁快谁就赢，谁快谁生存。在动物世界，不论是位处食物链顶端的"万兽之王"，还是以吃草为生的羚羊，它们都知道速度决定一切，谁快谁就赢得机会。而对人类来说，速度也同样意味着机会。

如今，每个个体都身处竞争中。企业必须在市场上与同行企业竞争，以求生存；员工必须与同事竞争，以求发展。那么，什么样的人能够成为竞争中的赢家呢？答案是自律的人。懂得自律的人会时刻鞭策自己，加快反应的脚步，凡事"快"人一步。当你跑在别人前面，想要不被注意都很难。

速度往往是胜负的决胜点。竞赛以快取胜，搏击以快打慢，跆拳道讲究心快、眼快，还有手快。军事上说"先下手为强"，而商场上的成功者所奉行的哲学早已从"大鱼吃小鱼"演变为"快鱼吃慢鱼"。

竞争的实质，就是在最短的时间内做出最好的东西。人生最大的成功，就是在最短的时间内实现最多的目标。唯有在时间上领先，才有机会在其他部分领先，慢一步的后果就可能与机会擦肩而过。

在竞争的过程中，除了注意自己的速度外，还得注意竞争对手的速度。因为有时候我们慢，不是因为我们不快，而是因为对手更快。在竞技场上，冠军与亚军的区别有时小到肉眼无法判断。比如短跑，第一名与第二名有时仅相差不到 1 秒；再比如赛马，第一匹马与第二匹马有时仅仅相差半个马鼻子（几厘米）……无论是相差 0.01 秒还是几厘米，虽然差之毫厘，结果却有着天壤之别。众所周知，冠军与亚军所获得的荣誉与财富绝对有明显差距。第二名的实力也很强劲，但现实总是无情的，能被观众记住的往往只有一个人，那就是第一名。所以，一定要时时提醒自己快一点，否则，你的竞争力就无从谈起。

要想快，还是需要我们自律。因为"快"需要的是心无旁骛，需要不断地为自己鼓劲。对于先天条件不足的"慢行者"而言，更需要有"笨鸟先飞"的自觉意识，而这一切都要靠自律来实现。

然而话说回来，人难免有惰性，也很容易帮自己找借口。人在督促自己加快速度的过程中都会想要停下脚步或偷一下懒，这是很正常的事情，当下心里的旁白大多是："不过就是偷懒一下，应该没有什么关系吧！"当这样的想法入侵大脑时，请提醒自己，日本 SONY 的创始人盛田昭夫说过：

"如果你每天落后别人半步，一年后就是 183 步，10 年后就是十万八千里。"这个数字是不是很惊人？你还觉得偷一下懒也没关系吗？

完成工作比人快一步，职业境界的提升就比人快一步。只要能在自律上领先一步，相信你就能在工作上、人生中步步领先。

🎩 不安于现状，勇于革新

有这样一句名言："世界属于知足但永不满足的人们。"是的，一个成功的人很少陶醉在已有的成就之中，而是善于忘掉"过去"、面向未来、勇于变革，从而不断超越自我。

然而，生活中有很多人一旦取得了一点成就，就失去了危机意识，满足于现状，习惯于按照上司的安排埋头工作，不想学习，也不对自己的工作进行客观评价和适当改进，认为自己按照上司的指令工作，纵然出现了失误，也不关自己的事。事实上，这是一种极不负责任的行为，时间长了，这种行为就会使人产生惰性，失去创造的活力和新颖的思想。

当杰克·韦尔奇在 20 世纪 80 年代初期走马上任时，通用电气正是美国最强大的公司之一，它既没有处于危机的剧痛之中，也没有被不时折磨大公司的诸多弊病所困扰。

然而，韦尔奇一上任便指出：应该把通用电气公司放在"全球性经济环境"中来思考其未来，要为进入 21 世纪做好准备。在这里，"全球性经济环境"的一个重要部分指的就是以日本企业为主的竞争。以他当时的话来说，就是"2000 年后能否与国外公司竞争，是我们从现在起，每一天都必须考虑的问题"。

韦尔奇进一步指出，"在这个越来越小的世界上，胜者和败者的界限日趋分明，在这里，没有'还过得去'的企业的位置"。他觉察到自己面临的是一个不确定的未来，考虑到这些，韦尔奇担心通用电气的竞争者将因此而变得强大起来，他希望这个公司变得更有竞争力。为了达到这个目标，韦尔奇感到他需要一个流畅的和进取的通用公司，这意味着当时的通用公司将被简化为一个较小的却反应灵活的公司。因此，韦尔奇采取了一系列行动，并取得了辉煌成就，从而成为当今全球经理人的偶像。

通用电气在杰克·韦尔奇上任的时候已经是一家很杰出的公司了，但韦尔奇没有满足，而是在前进中不断找到通用存在的问题，处理了一个又一个棘手的问题，促进了公司的良性发展。

惠普公司原董事长兼首席执行官卢·普拉特说："过去的辉煌只属于过去，而非将来。"未来学家托夫勒也曾经指出："生存的第一定律是：没有什么比昨天的成功更加危险了。"葛洛夫也有一句名言，即"唯有忧患意识，才能永远长存"，并说英特尔公司一直战战兢兢，不敢有丝毫懈怠，"让对手永远跟着我们"。张瑞敏"战战兢兢、如履薄冰"的危机意识早已深入海尔每一个员工的内心深处。这种强烈的忧患意识和危机理念赋予这些企业一种创新的紧迫感和敏锐性，使企业始终保持着旺盛的创新能力。

价值是一个变数，今天你可能是一个价值很大的人，但如果你故步自封、满足现状，明天就会贬值，被他人超越；今天你可能做着看似卑微的工作，人们对你不屑一顾，而明天，你可能通过知识的丰富、能力的提高及修养的升华让他人刮目相看。在时代发展一日千里的今天，只有抱着不断超越平庸、绝不安于现状的心态，不断实现自我从优秀到卓越的跨越，才能不断提升自己，成为职场中的常胜者。

国内一家知名企业的总裁说过，最危险的时候就是你没有发现危险到来的时候。其实，每一个组织以及每一个人都可能随时遭遇类似于"风暴"的不可控制事件，这些事件会毁掉一切，让没有准备、安于现状的人陷入绝境。

即使没有狂风大浪，你所处的环境也每时每刻都在变化。安于现状只能是一厢情愿的梦想，当你从梦中醒来时，会发现原来所拥有的一切都已经随风而逝。因此，你必须时刻提醒自己要主动变化，在"现状"变化之前就做好准备，如果等"现状"变化了再变化，一切都将为时已晚。

今天的成功仅仅代表着今天，明天必须继续前进。一个人在人生道路上应保持自律，多一分自警的意识，积极地反思自身的行为，努力寻求解决问题之道。

🎩 时刻反省自我，责任面前不推脱

工作中难免有失误，面对过错和失误，最重要的是要有一种勇于自省、敢于担当、知错能改的精神。有责任感的人都是敢于担当的人，他们时刻反省自我，一旦发现缺点就立即改正，从而最大限度地避免自己犯错的可能。做到这些，你的职业发展才能顺风顺水。

在伟大的哲学家苏格拉底的一生中，绝大多数时间都在自我反省，他还鼓励自己的雅典朋友也这么做。他甚至这样要求自己："未经自省的生命不值得存在。"反省是人类走向光明的起点，也是明白自己人生价值与意义的捷径。具有强烈责任感的员工懂得对照做人的准则确认自身言行是否正确，他们总是能直面自己的缺点和错误，并通过自省将自己做人做事的成败归结于个人原因。

一个善于自省的人通常魅力十足，因为在现实社会里，那些自省的人都是"对自己负责"的人，而对自己负责，又反过来验证了他们自己的责任感。自省与承担责任是相辅相成的，能够自省的人就能够担负责任；同时，能担负责任的人也会在责任中自我反省。

古人提倡的"严于律己，宽以待人"，意思就是要严格要求自己，对他人则要时常存有一颗宽厚的心，多做自我批评，少推卸责任给别人。但实际情况往往相反，很多人尽管眼睛长在自己身上，而最常用的却是打量他人，因此往往无法看到自己身上的缺点，当然也无法解决自己身上的问题。

可以说，自省是迈向不找借口、不推脱责任的第一步。你的工作不只是对企业、对领导的责任，最重要的是对你自己的责任。工作是你自己的需要，你要通过工作来成长，无论是在技能还是薪酬方面都是这样。放弃自省其实就是放弃让自己成长、放弃争取成功和完美生活的机会。企业也许会因此而蒙受损失，但受害最深的还是你本人。

在生活中，一个自省的人更能够积极地面对现实。人们之所以常常将责任推卸给他人，就是因为不想面对现实，但现实就是现实，逃避根本解决不了问题，只会让自己陷入更大的困境当中，还会使问题向更坏的方向发展。这就犹如讳疾忌医，人若是生病了，逃避是毫无意义的，不承认自己有病，并不表示你真的就没有病。总是逃避，只会导致病情更加严重。

自省是需要勇气的，毕竟直面自己的缺点与过错是一件令人非常痛苦的事。一个人敢于躬身自省，本身就说明了他很强大，所有企业都欢迎这样的员工。

畅销书《为企业工作就是为自己工作》中有这样一个观点：没有卑微的工作，只有卑微的工作态度，这其实也是一种自省，代表着一种高度负责的职业精神。作为一名企业员工，我们必须明白，唯有不断自省才能够顺利地开展工作。反省是发现解决方案的开道者，有反省在前面做先锋，解决问题的方案才会随之而来。

美国西点军校军训的目的，就是为了帮助学员们养成一种健康、自省的习惯。其实，军训更强调的是检查个人行为的必要性，之后，学员们就养成了这样一种习惯：若发现自己的某种行为方式达不到理想的效果，就立即进行纠正。

只有不断自省，才能避免自己日后不再犯相同的错误。孔子最得意的弟子并非那些才高八斗的人，而是看上去非常一般的颜回，孔子对他的评价是"颜回无二过"。因为颜回能自省，所以成为孔子的得意门生。

由此可见，要想不犯相同的错误，唯有自省才能够做到。要做到"不二过"，首先要面对现实，然后在失败的基础上认真分析原因，进行自我反省，并引以为鉴。世界上没有不犯错误的人，却有"一犯再犯"和"无二过"这两种人，作为领导者，你会信任一个总犯同样错误的人吗？你会任用一个总犯同样错误的人吗？答案不言自明。

—— 第四章 ——
欲望自律：内心有约制，行为少过失

人的欲望本身并没有好坏和对错之分，然而，欲望过多会给人带来毁灭性的伤害。控制自己的欲望，不要让自己沦为欲望的奴隶，这将是一种考验。在种种诱惑面前，人要有足够的约束能力。当你能很好地控制、约束自己的时候，你就进步了，也将拥有成功的人生。

◆ 自律是对抗诱惑的力量源泉

在我们的日常生活中，诱惑可以说无处不在，每个诱惑都带着耀眼的光芒，让人朝着那片光亮奋不顾身。诱惑有时候像毒草一样能够侵占人的心，遮住人的眼睛，让人迷失方向。所谓的诱惑是那些能改变人的心智，并最终把人带上颓废之路的东西。譬如，钱就是一种诱惑，在这个诱惑面前行动不同，结果也会不一样。比如一个人喜欢钱，钱也在诱惑他，但是他想通过努力和正确的途径去得到它。而有的人却选择了所谓的捷径，比如偷盗、贪污、招摇撞骗等。这些人在诱惑面前没有自制力，经不住诱惑走上了邪路，结果可想而知。

当我们面对诱惑时，最强有力的支持来自自己的心灵深处，强而有力的自律能力是我们抵抗诱惑的力量源泉。如果一个人自制力不强，在面对诱惑时没能做出正确的选择，那么诱惑立刻就会变成青面獠牙的魔鬼，把你打入失败的地狱。可以说，自制力是我们成功的必要条件。只有经得住诱惑，自律自爱，才会朝着既定的目标勇往直前。

　　小城中最大的一家外商独资企业招聘一名技术人员的消息不胫而走：月工资8000元，工资奖金除外，每年还可以到大洋彼岸旅游一次。应聘者蜂拥而至。

　　阳光炽热，树上的叶子蔫头耷脑，高工坐在闷罐似的考场里，蒸腾的暑气加上烦躁的心情使他热汗淋漓。面对考题他并不怕，外文、专业技术类考题都答得十分圆满，唯有第二张考卷的两道怪题令他头疼："您所在的企业或曾任职过的企业经营成功的诀窍是什么？技术秘密是什么？"

　　这类题对于曾在企业从事过技术工作的应考者并不难，可高工手中的笔始终高悬着，捏来攥去，迟迟落不下去。多年的职业道德在约束着他：厂里的数百名职工还在惨淡经营，我怎能为了自己的饭碗而砸了大家的饭碗呢？他心中翻江倒海，最终毅然挥笔在考卷上写下4个大字："无可奉告。"高工拖着沉重的步子回了家，进门后，妻子一再追问，他才道出了答题的苦衷，全家人默默无语。

　　正当高工准备另谋职业之际，那家外商独资企业却发来了录用通知。高工技压群雄，白卷夺冠，这成为小城的一大新闻。

　　可见，强而有力的自制力能保障我们不迷失自我，为我们到达成功的彼岸护航。自制力强的人能理智地控制自己的欲望，以独有的方式去满足那些社会要求和个人身心发展所必需的欲望，对不正当的欲望坚决予以抛弃。

　　某报告文学中曾有过这样一段描述：

　　杨乐到了北大数学系后，学习更努力了，他和张广厚每天学习演算12小时，没有过过星期天，也没有过过节假日。"香山的红叶红了"，让它红吧，我们要演算题。"中山公园的菊花展览漂亮极了"，让它漂亮吧，我们要学习。"十三陵发现了地下宫殿"，真不错，可是得占用半天时间，割爱吧。"给你一张国际足球比赛的入场券"，真是机会难得，怎么办？牺牲了吧，还是看我们案头上的数学竞赛题吧！

　　杨乐与张广厚在强烈的学好数学的事业心的召唤下，一次次克制了游玩的冲动，这为他们在数学领域获得重大成就创造了条件。这正好印证了萧伯纳的一句话："自我控制是强者的本能。"如果你想成为学习、工作或者生活上的强者，那么就得学会自我控制，坚决抵制各种不良诱惑。

当今社会，物质条件优越，身边充满了各种各样吸引我们的东西，如电视、电影、游戏机、各种动画、玩具，如果我们不能正确地对待学习和玩乐的关系，必然严重影响学习和工作，甚至会犯下更为严重的错误。人之所以抵制不住诱惑，主要是对诱惑盲目无知或认识不足。诱惑的出现总是带着神奇色彩，人们常常看到其有利的一面而不知其有害的一面，结果因为好奇而不知不觉受到诱惑。然而，不管是怎样的诱惑，总是可以抵制和预防的。

第一，应当提高识别能力，增强自己的"免疫力"，在诱惑面前要能把握事物的优劣主次，分清哪些是自己通过努力能够达到的、哪些是自己即使努力也达不到的。特别是当有诱惑力的事物遭人反对时，更应该多听听、多看看，冷静地思考一番再决定取舍。在诱惑面前，人的意志力相对薄弱，容易做出错误的判断，所以多听听别人的意见，对于冷静自己的头脑非常有益。

第二，明确自己的目标，知道究竟是为了什么在奋斗。目标明确就不会轻易受到各种干扰，从而迷失自己。在确定目标后，最好每天记录下为达到目标所做的事情，一旦发现所做的事与目标没有任何关系时一定及时纠正。

第三，远离诱惑，建立高级趣味。现如今，各种低级趣味如同鬼魅的眼睛在盯着那些意识薄弱、精神空虚又没有高尚情怀的人，一旦不小心涉足便很难脱身。所以，如果你的自律能力不强，那么为了避免沾染后期难以戒除的坏习惯，必须在一开始就远离它们，所有涉及低级趣味的地方一概不要进入。被诱惑所侵袭往往是由于自己的某些不健康心理在作怪，如果一个人能有高尚的志趣，往往不会被诱惑侵袭。为此，你可以多看一些有益的书籍，从思想上武装自己，建立正确的人生观、崇高的思想和丰富的精神生活。

第四，循序渐进地提升自制力。诱惑有强有弱，我们可以先克服一些程度弱的诱惑，逐渐提升自制力后，再克服程度强的诱惑。当你走进网吧时，努力使自己退出来，你的自制力便增强了一分；当同学让你一起打球而你另有安排时，果断地拒绝，你的自制力又增强了一分；你喜欢看电视，那么就每天减少一些看电视的时间，这样你的自制力就又增强了一分。久而久之，你的自制力已在不知不觉中养成了。

▣ 行动自制，不放任

我们在生活和工作中日积月累所养成的惰性之所以没有成为我们的主宰，反而被我们制伏，正是因为我们懂得自我约束与自制。自制可以使我们在做任何事情时都能保持正确的方向、良好的动机，并且运行在理想的轨道上。倘若将自制力发挥于运动竞技场上，它仍旧是争取胜利的关键。

如果你对足球稍有研究，就应该知道德国足球队在世界赛场上屡创佳绩，并以顽强的风格闻名于世。无论处于多么恶劣的境况，德国足球队都会拼搏到最后一分钟。德国足球的成功固然与球队训练有素有着密切的关系，但最重要的一点是因为球员们都拥有良好的自制力。在贯彻教练意图、完成自己所担负的任务方面，他们没有一丝一毫的放任，总是忠于自己的职责。曾经有人说过德国队不懂足球艺术，表现死板，不够灵活，但事实胜于雄辩，作为职业球员，他们表现出超强的自制力，并且用成绩证明了自己是优秀的。

无独有偶，美国橄榄球史上一位了不起的教练文思·隆巴第也曾告诉他的球员："我只要求一件事，那就是一定要取得比赛的胜利。如果不把目标定在非赢不可上，那比赛就没有丝毫的意义。你们要跟我一起工作，除了照顾好你们自己、你们的家庭和球队之外，你们必须克制自己，摒弃及抗拒其他的一切诱惑。"

不仅如此，他还告诫球员，除了控制好自己，比赛时还要不顾一切地去得分，不必理会任何人的阻拦。无论面前是一辆战车还是一堵墙，无论对方有多勇猛，你都不能止步不前，也不能让这些阻挡你得分。高度的自制力使绿湾橄榄球队的队员拥有了人人称奇的顽强战斗力。在比赛中，队员们克制了一切私心杂念，在他们的眼中只有胜利。为了夺取胜利，他们暂时抛下一切，奋勇向前，取得了令人难以置信的成绩。

每个人都希望自己在别人眼中是优秀的。如果优秀是我们的目标，那么我们就不能随心所欲、感情用事，必须对自己的言行有所克制，这样才能减少自己犯错的概率，不致铸成大错。

高尔基曾经说过："哪怕是对自己的一点小的克制，也会使人变得强而有力。"要主宰自己并主宰自己的命运，必须对自己有所约束、有所克制。如果缺乏自制力，就像汽车缺少了方向盘和刹车，很难避免犯规、闯祸，甚至会发生撞车、翻车等意外。想要避免意外的发生，最基本的做法就是培养自制力。

是的，人要学会控制自己，不要放任自己，更不该使自己迷失于懒惰和贪玩之中。自我约束就等同于自我提升，任何人到了成年，就得为自己做决定、为自己负责，如果还学不会控制自己，将来有一天，只怕会置自己于自掘的坟墓中，无力推开堵住坟墓出口的岩石。因此，从现在开始，你必须行动起来，明确方向并为之付出行动。

大部分年轻人喜欢随心所欲，凭一时的兴趣行事，然而我们能享受到的生活乐趣和所拥有的成就都源于因自制而做出的调整与转变。如果你能够趁着年轻力壮、精力充沛的时候学会自制，并让自制伴随你的整个人生，那么幸福、愉快和欣慰将一直陪伴你左右。

🎩 拒绝与目标无关的诱惑

经常听到有人扼腕叹息，如果当初如何如何，现在就可怎样怎样。对于这样的追悔，除了给他人增添谈资以外，还能有什么作用呢？阻止一个人前行的，往往不是路有多艰难，而是心已经被其他的欲望牵绊。

有一位登山者希望在有生之年登上珠穆朗玛峰。于是，他从小就非常勤奋地练习登山，从周围的小山逐渐登上了附近的高山，又逐渐登上了其他的山峰。在这个过程中，随着声名远播，他被鲜花簇拥，渐渐远离了训练过程中的石头和灌木丛。他的头顶不再是烈日和雨水，而是不断闪烁的镁光灯。

从未有过这般待遇的登山者一下子失去了方向。他突然觉得自己喜欢上了现在的生活：衣食无忧，生活在众人的关注之下。

过了几年，人们对登山家的热情早已"消费"一空，他没有了供人谈论的价值，自然就被冷落在一边。而此时的登山者只能望着高耸入云的珠峰哀叹，因为他已经过了攀登珠峰的黄金年龄。多年没有系统训练后的身体早已不适合登山，这也就意味着他一生的梦想只能化作一声叹息。

这件事无法简单地评判谁对谁错，是那些记者毁了登山家的一生吗？貌似是这样，但年少成名的登山者有很多，最终成功登上珠峰的也大有人在，难道说他们没有受到环境的影响？

当你把原因归结到别人身上时，那只是不敢正视自己欲望的一种托词。欲望既是天使也是魔鬼，横亘在我们面前的一般有两条路：一条狭窄悠长，一条则鸟语花香。在岔路口，每个人的选择都无可厚非，但最终能够成功的往往是选择狭窄悠长道路的人。

古人教导我们无欲则刚，但是又有多少人能够做到弃绝所有欲望呢？有欲望才会有动力，但是只有那些能够驾驭欲望、不被欲望侵蚀的人才能够看得清自己真正的目标。而一旦成为欲望的奴隶，就会被欲望绊住前行的步伐，最终只落得悔恨不已。

萧伯纳曾说过："自我控制是强者的本能。"生活的强者会控制欲望，抵制那些与目标无关的诱惑。人们羡慕那些最后站上领奖台的人，却并不知道他们为了能够实现那一刻的辉煌付出了多大的代价。在行走的过程中，坚定的目标就是最好的导航灯，拒绝不必要的欲望就完成了自我的升华。没有人会嘲笑一个为目标坚持走下去的人，相反，人们会对那些为了一时的欲望而走进岔路的人感到惋惜。

从相同的起点出发，最后能到达目的地的，终究只是少数人。而这些少数人往往就是能够发现新大陆的人，也是最终能够改变自己、改变世界的人。

🎩 得不到的欲望要果断放手

在经济学中有一个非常著名的名词叫作机会成本，是指为了得到某种东西而要放弃另一些东西的最大价值。简单地说，就像一个人不能同时跨入两条河流一样，选择一样也就意味着必须放弃另一样。

多数人习惯在得与失之间的讨论中寻求一种平衡，当选择了一种方式并孤注一掷的时候，结果却一无所获，便心生懊恼。曾有一句话被引用的范围相当广泛："得之，我幸，不得，我命，仅此而已。"其实，在追求的路上，得不到才是常态。种下的每一粒种子不一定都能够收获理想的果实，也不是付出的每一份真心都能够换回想要的笑容。在理想达不到预期的时候，又该如何处理呢？

传说在非洲的一个部落，人们用一种很简单的方式来捕捉猴子，就是在猴子经常出没的地方固定一些木箱，在木箱里放上它爱吃的水果，当猴子闻到水果的香味时就会用手来拿。聪明的猎人在箱子的上部开一个小口，而这个小口恰好是猴子能够伸手去够、抓住东西却无法拿出的尺寸。一旦猴子伸手去抓水果，它即便看到猎人来了也不会将到手的水果扔掉，情愿被猎人轻易俘获。

其实，人和猴子都有一种不放手的心态，当付出与回报不成正比的时候，人就很容易失去平衡。而要维持这种平衡，则要有放手的心态。

学不会放手，很多时候不是不明白，而是不愿接受或者相信已经失去的事实。正是由于这个心理，人们选择了自我欺骗，在谎言的牢笼里无法自拔。学会放手，从来就不是说一句放下了就真的可以放下，当我们给自己的心上了一把锁的时候，钥匙其实就在自己手中。一个抱守残缺、不愿向前看的人，只能在伤春悲秋的角落里哭泣。

有这样一个青年，他从小就立志当一名作家，为了达到这个目标，他每天坚持写作。十年如一日，他不断地练习，但是始终没有等到梦想成真的那一天，他用钢笔写下的手稿始终没有变成铅字。

直到 29 岁那一年，他收到了一封来自编辑部的信件。可惜这并不是一封稿件被采用的信件，而是一封退稿信。杂志的总编在信中写道："虽然你很努力，但我不得不遗憾地告诉你，你的知识面过于狭窄，生活经历也显得相对苍白……但我从你多年的来稿中发现，你的钢笔字越来越出色……"

收到信件的年轻人最终成为当代非常著名的硬笔书法家。关于成功，他有着自己的理解："一个人能否成功，理想很重要，勇气很重要，毅力也很重要。但更重要的是，人生路上要学会选择，更要懂得放弃。"

如果没有果断放弃，这位书法家也许还是一位追求梦想的文学青年。当面对得不到的欲望时，痛定思痛、果断放手才是勇敢的选择。有人说，坚持不放手就会有得到的那一天，所以我们常常看到已经分手的情侣一方依然苦苦纠缠对方，徒增双方烦恼。

这样的结果用一个词语来形容就是雪上加霜：自己想要的追求不到，而原本就拥有的也不去在意。很多人在回顾自己一生的时候，总是有这样的感叹：轻易地放弃了本该坚持的，却固执地坚持了本该放弃的。

懂得放手从来就不是一种软弱和逃避的表现，而是一种审时度势的智慧。不是每一次努力都能换到预期的效果，有时候得不到的欲望就像鸡肋，既然无味，再啃下去也没有多少实际意义。面对一条已经无路可走的死胡同，人们都知道转身，但是面对无法得到的欲望，又有多少人能够认清放手的价值呢？

什么都想抓住，最终的结果是什么也抓不住。成功在很多时候就像一只只漂亮的蝴蝶，当你奔跑着想抓住它们的时候，往往不会有好的结果；而当你放弃占有的欲望，摊开双手时，蝴蝶很可能就会降落在你手上。

■ 正视自己的需求，为人生做减法

"一箪食，一瓢饮，在陋巷，人不堪其忧，回也不改其乐。"这句话常常被用来称赞那些品德像颜回一样高尚的人。其实这句话还可以这样理解：每个人真正需求的其实并不多，很多时候感觉不如意恰恰是我们想要的太多。

年轻的时候蜗居城市一角，渴望着能够在钢筋水泥的城市里有一间自己的小屋，后来小屋变大屋，大屋变复式，复式变别墅……可是夜晚真正用来睡觉的就是那一张床而已。这当然不是否定奋斗和进取的价值，而是希望人们能够看到自己真正想要的东西。每个人都渴望成功，如果把成功看作一次长跑，只有那些负重最少的人脚步才会更加轻盈，才会更快地到达目的地。

我们常常要透过别人来认清自己，这就是所谓的以人为镜。但是，既然是镜子，就有可能变形或扭曲。当镜子已经不能反映真实的情况，这时候所依靠的就只能是自己，依靠自己的敏锐感觉来看清楚自己原本的样子。每当你觉得快乐和满足的时候，都应该跳出来清楚地看一下自己，想想这个时候被刺激、被满足的究竟是什么。只有常常询问自己，才能和自己保持一定距离，有了距离，才能够清楚地看到那个状态下的自己。

一个作家曾经写过跑马圈地的故事：有一个人想要得到一块土地，土地的领主对这个人说，清早的时候你就从这里往外跑，跑一段就插个旗杆。

只要你能够在太阳落山之前归来，插上旗杆的土地就都归你。于是，这个人便拼命地向前跑，直到太阳偏西的时候还没有回来。第二天，人们在一个很远的地方发现了他的尸体。发现他的人就地挖了一个坑，将他掩埋。在牧师做祈祷的时候说："一个人要多少土地才能满足呢？死后所占的也就这么大。"

超出实际需要的欲望就像一粒种子，它也会生根、发芽、逐渐成长。这种欲望一旦开枝散叶，将是压在心头的重大负担，而这种负担最终会成为阻碍自己前行的沉重脚镣。所有人都期望在前行的时候能够轻装上阵，但是面对五光十色的诱惑，又有多少人能够坚守底线，做个目标坚定的前行者？

记得以前和妈妈一起逛超市是一件痛苦的事情，妈妈总喜欢去特价区"淘宝"，无论是廉价的厨房用品还是日常家居用品，每次都是满满当当的一大包。而要把这些运回家，着实需要花费一点力气。每到过年的时候，总能够从储物室里找出一大堆用不着的物品，这些物品大部分是妈妈从超市运回来的。问及妈妈，她就拿"便宜，可能用得着"当挡箭牌。

其实细想，真的有那么多东西是自己确确实实需要的，真的有那么多追求是我们不得不去努力实现的吗？现在很流行一种说法，就是倡导一生中不得不读的图书、不得不看的电影、不得不去的地方，好像不去做的话人生就是一种不完整。但是很多人真的做了以后，并没有得到预期的快乐。可见，自己真正需要什么，不是依靠他人提供指南，而是遵从自己的实际需要。

我们来到这个世上，两手空空，一无所有。人的一生在很大程度上是一个做加减法的过程，有人得到了，就想要更多，不停地做着加法，最终的结果却是累死在路途中；而成功的人总是在做加法的同时也做减法，不断放下自己不需要的欲望，减少心灵上的负担。这样的人会有足够的精力和时间来欣赏一路的风景，而不是为了欲望劳碌不停。

—— 第五章 ——
时间自律：在有限的时间内做更多的事

> 时间对于每个人来说都是平等的。每个人一天的时间都是 24 小时，没有人会多一分钟或少一分钟。所以，决定个体生命高度和质量的不是时间本身，而是把握时间的能力。如何才能在有限的时间内做最多的事情，是我们一生都要思考的课题。

♣ 自觉规划时间，创造时间效益

所谓时间管理就是指在同样的时间耗费状态下为提高时间的利用率而实施的控制工作。我们可以通过对时间进行管理克服浪费时间的坏习惯，这样我们的行动才更有效率。实践也表明，那些高效能人士都有着非常好的时间观念和强烈的事业心，他们对于时间有着非常强的紧迫感，因此总是能自觉、科学地去管理好自己的工作时间。

查尔斯·舒瓦普曾在担任美国伯利恒钢铁公司总裁一职的时候，向当时的管理顾问艾维·利提出了一个非同寻常的挑战："请告诉我，该怎么做才能在办公时间内做正确的事？如果您给了我满意的答复，那么我将支付给您一大笔咨询费。"

于是，艾维·利递了一张纸给他，并对他说："把您明天必须做的事情写出来，先从最重要的那一项工作写起，写完之后，再按照纸上写的去做，直到完成所有的工作为止。然后，您重新检查您的工作次序，看看有哪个漏掉了。倘若其中有一项工作直接花掉了您整天的时间，那么您也不用担心，只要您手中的工作是最重要的，那么就请您继续坚持做下去。如果按这种方法，您依旧无法完成所有的重要工作，那么换用其他的方法也同样无效。如果您能将上述这些变成每一个工作日都能去坚持的习惯，那么我这个建议对您产生良好的效果时，您就该给我支付那张大额支票了。"

几个星期之后，查尔斯·舒瓦普寄了一张 25000 美元面额的支票给艾维·利，并附言它确实改变了自己的工作效率。可以说，伯利恒公司后来能够成为世界上最大的独立钢铁制造企业，与艾维·利有着极大的关系。

世界著名管理学大师彼得·德鲁克在总结有效的管理者应具备的素质时说："我们要对自己提出 5 项要求，其中第一项就是对于时间的管理。"他还说："高效能的管理者一定要清楚他们将时间应花在什么地方。他们所能控制的时间并不是无限的，因此他们必须学会系统地安排时间，这样才能充分利用有限的时间资源。"他还大声疾呼："时间是最宝贵稀缺的资源。除非时间能够被妥善地管理，否则所有的工作都将无法被妥善管理。"可见，时间管理是否成功绝对能影响一个人事业的成败。

罗伯特·列文教授在《时间地图》一书里提出："当手表上的时间支配了一切，时间就会变成有价值的商品。手表时间观将时间视为一成不变的、直线式的，且是完全可以衡量测定价值的商品。所以，我们必须牢记富兰克林曾经提出的忠告：'千万不要忘记，时间就是金钱。'"

如今，我们常常引用富兰克林那句"时间就是金钱"来表现时间的弥足珍贵。而在古老的中国，古人也曾经以"一寸光阴一寸金"来形容时间的宝贵。

假设以一个人一年的收入为标准，那么不同年薪的人 1 小时或 1 天的价值就截然不同。时间绝对是有价的，时间也绝对是无价的，因为谁也没有办法用金钱去衡量时间，它无法像金钱一样积蓄。正因如此，我们的老祖先才说"寸金难买寸光阴"；也正因如此，我们必须学会对时间进行管理，让自己变成一个高效能人士，能够通过对时间的高效管理让自己在有限的时间内创造出比别人高得多的时间效益。时间是世界上最弥足珍贵的资源，它不可存储，亦不可透支，只能通过合理的方式使其增值。如此，你才能成为赢家。

💼 优化时间分配和使用方式

在成功者的眼里，时间是一种比金钱更有价值的东西，所以浪费时间的后果就等于浪费了更多的金钱，所以成功者是绝对不会浪费时间的，他们对时间的管理是十分精细的。

对于时间管理的精确把握源于自律精神，这种自律精神不是一味蛮干的自我约束，而是对时间的支配。我们都有这样的体会：在与一些人约会时，不是说要约到几月几号，必须要精确到几时几分才行。对于他们来讲，迟到是绝不容许的事情，在他们处理文件的时候，所有的客人都要等候。就是这些时间的细节让他们的效率变得更高，让他们的财富积累速度更快，也让他们更成功。

很多人对于时间的精确控制体现在他们的工作上，下班铃声一响，即使打字员还有 10 个字没打完，他们也会立刻走人。不要以为下班就走的打字员不够自律，相反，他们拥有极强的自律精神，否则他们也不可能按照时间表来约束自己的一切行为。时间观念让拥有自律的人工作效率大大提升。

犹太人非常善于管理时间，喜欢把时间与金钱进行换算。有位月收入为 20 万美元的犹太商人曾经算过这样一笔账：他每天可以挣到 8000 美元，那么平均下来每分钟就有 17 美元的进项。如果有人浪费了他 5 分钟的时间，就相当于他被偷了 85 美元。因此，犹太人在工作时会拒绝一切没有预约的访客。

有这样一件事可以反映犹太人对于时间和金钱关系的处理方式。日本一家著名百货公司的年轻职员为了在纽约搞一个市场调查而直接跑到一个犹太人开的百货店，贸然叩开了该公司宣传部主任办公室的大门，对这个主任说他需要对方5分钟时间来做一个调查，但是这位犹太人毫不犹豫地拒绝了同行的这个要求，并且说："我之所以拒绝你，是因为你没有预约，而现在我在工作，不允许任何人来打扰我，你的到来会对我的工作造成不利影响。"

对于坚信"时间就是金钱"的犹太人来说，"不速之客"是妨碍他们工作的绊脚石，除了拒绝他们，再没有更好的办法了。

很多人在谈判的时候喜欢用一些无关紧要的话作为话题的开始，比如说"今天天气不错啊"等，但是成功者则更喜欢直奔主题，他们在做事的时候会把每一分钟的时间都用到实处。

钻石商巴奈·巴纳特是南非首富。最初，他带着40箱雪茄烟作为原始资本来到南非。他用这些雪茄烟与钻石矿上的商人换取了一些钻石，赚取了第一桶金。从那以后，在短短数年间，巴纳特便成为一个富有的钻石商人和从事矿藏资源买卖的经纪人。

巴纳特的赢利周期很有特点，每个星期的周六是他挣钱最多的日子，因为这一天南非的银行营业时间比较短，巴纳特可以用更多的时间去购买钻石。而在这一天购买钻石，他不用掏现金，因为这一天银行不营业，所以他总是用空头支票来换取钻石。也许有人会说，这有什么用呢？一天以后，他不是还得付出相同的钱吗？大错特错，因为巴纳特这样做等于是让原本已经不属于自己的钱在银行的账户上多存了一天，对于钻石这种大生意来说，这一天的利息也是比较可观的。

当别人用力气赚钱的时候，犹太人已经开始用时间赚钱了。也许就是这个细节、这种对时间的苛刻要求让他们比别人更快一步，因此他们拥有了比别人更多的财富。

在竞争激烈的市场中，谁在市场上第一个打出自己的王牌，谁就能获得别人多得多的利润，尤其是现在人们经常用到的电子产品，即使只比对手快一个月上市，那么比对手获得的收益就会多出不少。例如当年的电子手表，刚上市的时候每块卖到几十美元乃至几百美元，但是当这类产品逐渐多起来之后，价格就在短时间内大幅度下降，每块售价只有几美元。

时间看起来虽然微不足道，实际上却是决定成败的关键因素。根据众多的企业核算，经营费用中有70%左右都要花费在时间管理上。如一个企业一年通过银行融资5亿元，如果不在第一时间让这些资金滚动起来，就要支付超过6000万元的利息。如果该企业能把握好一切时间有效利用这些资金，那么最少可以节约一半的利息。

每个人的精力和时间都是非常有限的，怎样高效地分配精力与时间造成了普通人与成功者之间的差距。普通人总是将主要的时间与精力放在一些无关紧要的事情上，而成功者则把主要时间与精力放在最重要的事情上。

美国前国务卿基辛格曾经担任过哈佛大学教授，当他把自己所担任的总统顾问职务与大学教授的工作进行了一番对比后，他说："之前，我总是按自己认为合理的方式去工作，把某一件事情做完为止。直到后来我才发现，人必须把很多工作放在优先次序中展开，并坚决去做优先要做的那些重要的工作。"

是的，要想取得成功，首先要考虑的问题就是合理地利用时间。如果一个人不懂得如何去经营时间，那就会面临被淘汰出局的危险。如果你能管理好自己的时间，那么就能赢得时间能够给予你的一切，就能赢得自己的未来。

有的人认为自己时间很多，但是有些人唯恐时不我待。事实上，时间对每一个人来说都是一样多的。在同样的时间里，善于利用时间、善于安排细节的人可以多做很多事情。正如鲁迅先生曾经说过，时间如同海绵里的水，只要愿意挤，总还是有的。

🖋 把时间用在刀刃上

在一切以快制胜的现代社会，时间管理是现代人必备的一项工作技能，是提高一个人工作效率最有效的武器。一个人的工作是否有效率、是否具有满足感，在很大程度上取决于其是否能够合理地管理和利用好自己的时间。在最少的时间内做好更多的事，才能把时间用在刀刃上。

你也许会对社会上那些著名的企业家、政治家感到怀疑，他们每天有那么多事情要处理，还能将自己的时间安排得有条不紊。他们不但能抽出时间阅读自己喜欢的书籍，以休闲娱乐来调剂身心，并且有时间带着全家出国旅行，难道他们一天的时间不是 24 小时吗？正确的答案是他们比别人更善于有效地利用时间。

在美国企业界，与人接洽生意时能以最少时间产生最大效率的人非金融大王摩根莫属。为了珍惜时间，他招致了许多怨恨，但实际上人们都应该把摩根作为这一方面的典范，因为人人都应具有这种珍惜时间的美德。

摩根每天上午 9 点 30 分准时进入办公室，下午 5 点回家。有人对摩根的资本进行过计算后说，他每分钟的收入是 20 美元，但摩根认为不止这些。所以，除了与生意上有特别关系的人商谈外，他与人谈话绝不超过 5 分钟。

摩根总是在一间很大的办公室里与许多员工一起工作，他不是一个人待在房间里工作，而是随时指挥员工按照他的计划去行事。如果你走进他那间大办公室是很容易见到他的，但如果你没有重要的事情，他是绝对不会接待你的。

摩根能够准确地判断出一个人来接洽的到底是什么事。当你对他说话时，一切拐弯抹角的方法都会失去效力，他能够立刻判断出你的真实意图。这种卓越的判断力使摩根节省了许多宝贵的时间。

如今，快节奏的工作和生活让很多人觉得紧张而忙碌。如果你想调剂好自己的工作和生活，就必须学会有效利用时间。善于利用时间不仅可以完成许多事情，还能拥有轻松自在的生活。

一位部门主管因为患有心脏病，遵照医生的嘱咐每天只上班三四个小时。他很惊奇地发现，这三四个小时所做的事在质和量方面与以往每天花费八九个钟头所做的事几乎没有两样。他所能提供的唯一解释便是：工作时间既然被迫缩短，他只好做出最合理有效的工作安排。这或许是他得以维持工作效能与提高工作效率的主要原因。

由此可见，做好时间管理、把时间用在刀刃上是提高工作效率、提升工作价值的重要方法。那么，怎样做才能成为一名运筹时间的高手呢？下面提供几种能有效运筹时间的方法。

1. 把握时机

机不可失，时不再来，抓紧时间就可以创造机会。没有机会的人，往往都是任由时间流逝的人。很多时候，机会对每一个人都是均等的，行动快的人会得到它，行动慢的人则会错过它。所以，要抓住机会，就必须与时间竞争。

2. 合理安排自己的时间

现代人从事企业工作，重要的是对于时间的管理。很多企业人十分辛苦，每天早出晚归、疲于奔命，但如果加以认真研究便可发现，他们所做的许多工作是在白白浪费时间，结果大事抓不了，小事也抓不到，所以企业人应合理安排自己的时间，抓住关键，掌握重点。

3. 利用好零碎的时间

把零碎时间用来从事零碎的工作，从而最大限度地提高工作效率。比如，在车上时，在等待时，可用于学习、思考或简短地计划下一个行动。充分利用零碎时间，短期内也许没有什么明显的感觉，但经年累月将有惊人的成效。

4. 利用"神奇的 3 小时"

被人们称为时间管理大师的哈林·史密斯曾经提出过"神奇的 3 小时"的概念。他鼓励人们自觉地早睡早起，每天早上 5 点起床，这样可以比别人更早展开新一天的活动，在时间上就能跑到别人的前面。利用每天早上 5 点至 8 点这"神奇的 3 小时"，你可以不受任何人或事的干扰，做一些自己想做的事。养成早起的习惯，每天早起 3 小时就是在与时间竞争，会让你受益无穷。

5. 在更少的时间内做更多的事

我们不论干什么事情都要讲求效率，效率高者事半功倍，反之则事倍功半。

正如哈林·史密斯所说："工作中，经过不断的失败，我逐步发现在同样的时间内做更多的事情是值得每一位希望有效管理时间的人认真思考的问题，因为只有这样才能使自己获得更多的时间，也才能遇到更多的机遇。"因此，提高时间利用率、让时间增效是做好时间管理的重要方法。

🦫 按照轻重缓急，合理安排工作

歌德说："在今天和明天之间有一段很长的时期。趁你还有精神的时候要学习迅速地办事。"是的，要想提高效率，我们就必须自律，让自己赶紧投入工作中。但是在做事之前，你要先弄清楚什么事情才是最重要的。

每个人有多少时间都是能计算的固定量，用一分少一分，所以人们常说"人生苦短，只争朝夕"。在我们短短的一生中，很多时间要花在睡、吃、行等不直接产生价值的活动中。例如，我们不得不花费将近半辈子的时间用于睡眠；我们不得不吃饭，用餐时间加起来也是好几年；行走、旅行又要花上几年，再加上平时的娱乐、节假日的休息、哄小孩等，加起来也需要好几年。如果从我们有限的生命中减去这些不得不花费的时间，那能够用于有效工作的时间还剩下多少呢？

以全球人的平均寿命 70 岁为限，一个人留给自己的时间其实只占到全部时间的 1／5。时间从不会等人，逝者如斯夫，可是我们的时间是可以被支配和管理的。不同的人在相同的时间长度和环境下，产生的价值有着很大差别，这就说明时间是可以被更好地管理的。我们完全可以通过对时间进行管理，以提高单位时间效率的方式去做更多的事情、做更重要的事，即高效率地去工作，这就是延长生命长度的一种有效的办法。

1968 年，美国麻省理工学院一位科学家对时间的利用问题进行了一次深度的调研，他先后选定 3000 名美国职业经理人作为调查对象，从中发现，那些成功的经理人都能够做到以下两点：一是在自己限定的工作时间范围内不把手伸得过长，尽力把职责内的工作做好；二是合理安排自己的时间，使时间的利用率提升到最大值。

人们每天都有太多的事情需要处理：不停在响的电话、接待不完的客户、开不完的会议、多如牛毛的朋友聚会等。就像一首"忙人的告白"的小诗中写的那样："每件事好像都很重要，每件事都做，让我们非常忙碌。"于是，人们每天起早贪黑地忙碌个不停，挤出了很多家庭生活和休闲的时间，还是觉得时间不够。这些人总是看起来很忙碌，实际上就是因为他们没有掌握好时间管理和高效能工作方法而造成的。

实际上，在我们的工作中，很多工作都有着紧急程度不同，同时重要程度也不同的双重性，那么我们该怎么决定优先顺序？这就要看重要性和紧迫性两个维度：

优先顺序 = 重要性 × 紧迫性。根据这两个维度，我们可以将工作分成 4 类。

第一类：非常重要而又非常紧急的工作（第 1 象限）。

第二类：很重要但不是很紧急的工作（第 2 象限）。

第三类：很紧急但不是很重要的工作（第 3 象限）。

第四类：既不紧急也不是很重要的工作（第 4 象限）。

第 1 象限：非常重要而又非常紧急的工作。

紧急的工作是我们应该马上就要做的工作，重要的工作是对工作有重大影响的事情。在我们的工作和生活中，有不少事情是既紧急又重要的，例如处理客户的投诉、老总要求在第二天早上上班以前就应该提交的报告、父母病重需要住院、房贷马上就要到期而我们还没有准备好，这类事情可以说紧急而重要，因此就必须放下手头的事情尽快把它们处理完，否则这些事情将影响我们正常的生活。如果是因为自己的拖延，事情变得非常紧急，那么就应该坚决改掉这一坏毛病。

紧急而又重要的事情是最重要的事情，而且是马上要去做的事情，有的是我们要实现工作的关键环节，有的则是我们生活中最重要的事情，这些事情比其他任何一件事情都值得我们优先去做。因此，只有将这些事情都安排得合理，才能够有效地去解决优先完成哪个的问题，这样我们才有可能顺利、有序地完成自己的工作。

第2象限：很重要但不是很紧急的工作。

我们在工作中有许多很重要但不是很紧急的事项，这类工作不是当前最急迫的，但是绝对会关系到我们的长远发展。这些工作，有的与我们的梦想有关，有的与我们的人生长期规划有关，比如专业技能培训、一直想写的一篇文章、一直想开始的魔鬼瘦身计划、一次彻底的健康检查、想读的几本好书等，这些都是重要却不紧急的事，如果手头上的工作紧急，无暇分神，便可以拖延一段时间，先将时间留给紧急且重要的事。

对于重要的工作，我们一般会安排较充足的时间，是完全可以在一定的时间内做完的，但是如果我们每天都忙于琐碎之事而将不重要的工作搁置或者推迟，那么重要却不紧急的工作就会变得既重要又紧急，就会变成第一象限的工作。所以，工作处理得好坏情况往往真实地反映了一个人对人生、工作目标及事项进程的判断能力。

第3象限：很紧急但不是很重要的工作。

在工作中，我们每个人都会遇到很紧急但不是很重要的工作，例如，当我们正在忙于处理一件很重要的事情之时，一位哥们儿打来了电话，不接的话又找不到合适理由，于是我们就与他带劲儿地聊了起来，结果花费了宝贵的时间，耽误了应该做的事情。

有些事情很紧急但不很重要，我们就应将它们列入次优先的事项中。假如我们没有安排工作的优先次序，就可能把一些紧急的工作也当成重要的工作来处理，结果颠倒了主次。通常，一般人习惯按照事情的"紧急程度"决定工作计划的优先次序，而不是首先估计一下事情的重要性。如果我们每天把 80% 的时间和精力都花在"不紧急的事"上，那么无疑会让我们的效能降低很多。

因此，要想有效地解决这一问题，既可以兼顾紧急也可以兼顾事情的重要程度，那么我们就应当把每日待处理的工作分为以下 3 个"区域"：

1. 当日"必须"去做的事（最为紧迫的事）。

2. 当日"应该"去做的事（有点儿紧迫的事）。

3. 当日"可以"去做的事（不紧迫的事）。

在大多数时候，那些越是重要的事反而越不紧迫，例如，做长远目标规划等。但是，如果我们总是忙于处理看似"紧急"的工作而将那些不紧迫但很重要的工作延迟了，这就是非常不好的做法。成功人士做要事，而不是做急事。

第 4 象限：既不紧急也不是很重要的工作。

既不紧急也不重要的工作，就是可做可不做的工作。在工作中，我们都会遇到很多不需要我们马上去处理，甚至也不需要去解决的事情。比如，需要买一件新西装等。如果我们总是把精力放在这些琐碎的事情上，那么无疑就是在浪费时间。

在你的工作与生活当中，你能分清楚每一件事情所处的象限吗？你把大部分时间都花费在了哪个象限中了？

假如是 1，则说明你总是忙于应付那些紧急事，你总是被这些事弄得焦头烂额、狼狈不堪。所以，你始终忙忙碌碌地在工作，但是效率低下。

假如是 2，则说明你在做要事而不是急事，这正是一个成功人士的思维方式和做事情的方式——把有限的时间用在最重要的事情上。很多时候，这些工作虽不是很紧急，但它决定了你的未来。

假如是 3，则说明你的工作效率很低。你总是盲目地追随琐碎的事务，而不考虑它对你是否有很大的影响，你会发现自己的时间总是不够用。如果不努力改变这种现状，那么你的生活和工作都将陷入非常被动的局面之中。

假如是 4，则说明你是一个非常情绪化的人，你总是将大量的时间花在毫无意义的事情上，这样下去一点意义都没有。

● 坚持要事第一，把握好关键的 20%

美国的时间管理之父阿兰·拉金说："勤劳不一定有好报，要学会掌控你的时间。"掌握时间的钟摆，首先要明确工作的主次。不分轻重缓急地工作，把时间用在没有多大意义的事情上是浪费时间的首要原因。

著名设计师安德鲁·伯利蒂奥曾经是一个疲于奔命的工作狂。

他每天把大量的时间用在设计和研究上，除此之外，他还负责公司很多方面的事务。他风尘仆仆地从一个地方赶到另一个地方，不放心任何人，每一件工作都要自己参与了才放心，所以他看起来忙碌极了。

"为什么你整天忙得晕头转向？"有人问。

安德鲁无奈地说："因为我管的事情太多了，而我的时间又太少了！"

时间长了，安德鲁的设计受到很大影响，常常到最后关头才拿出作品，并且因为时间紧张，作品的质量常常不尽如人意，更别提取得令人骄傲的成绩了。安德鲁对此很不解，便去请教一位教授。

教授给出的答案是："你大可不必那样忙。管理好你的时间，做对你的事情就行。"

正是这句话给了安德鲁很大的启发，他在一瞬间醒悟了。他突然发现自己虽然整天都在忙，但能产生真正价值的事情实在是太少了。这样做实在是一点好处也没有，反而制约目标的实现。

此后，安德鲁调整了时间分配，他洒脱地把那些无关紧要的小事交给助手，自己则把时间集中用在设计工作上。不久，他写出了《建筑学四书》，此书被称为建筑界的"圣经"，他成功了。

对每个渴望成功的人来说，时间是最重要的资产，每分每秒在逝去之后再也不会回来，成功的关键在于如何掌控自己的时间节奏，高效地运用每时每刻。学会有效地管理时间，才能保证做事的效率，这就涉及管理学上的"二八法则"，即意大利经济学家帕累托所提出的80/20法则，即要把80%的时间花在能获取关键效益的20%的工作上，掌握了这个法则，自然就能忙到点子上、忙出高效来，进而获得成功。

管理顾问瑞克希就是一个出色的时间管理者，他总是能够高效地利用自己的时间，坚持用80%的时间做20%的事，他的成功看起来很轻松。下面就来看看他是如何做的，相信我们能够得到不少启示。

瑞克希并不是工作狂，他逍遥自在、业绩斐然。

瑞克希的手上从未同时有3件以上的急事，通常一次只有一件，其他的则暂时摆在一旁，而且他会把大部分时间用来思索那些最具价值的工作，比如公司的总体发展规划、年度工作任务、行业发展前景等。

瑞克希只参加重要客户的会议，走访一些重要的顾客，然后把所有精力用来思考如何实现与重要客户的交易以及公司如何能够获得最大利益，接下来再安排用最少的人力达成目的。

瑞克希把产品的相关知识传授给下属，并时常观察公司中谁是某项工作最合适的执行者，确定对象后，他会将该下属叫到办公室，解释他对每个人的要求，让他们放手去做，自己做的只是时常盯一盯工作进度。

瑞克希的事例告诉我们，那些做事高效的人不会像老黄牛那样只知道一味地做事情，而是懂得把有限的时间放在最重要的事情上，利用有限的时间创造出最大的价值。一个人的价值大了，成功的资本也就强大了。

"二八法则"又称为"80/20法则""帕累托法则""最省力法则""不平衡原则"等，帕累托从研究中归纳出这样一个结论：如果20%的人拥有80%的财富，那么就可以预测出10%的人将拥有约65%的财富，而50%的财富是由5%的人所拥有的。"二八法则"无时无刻不在影响着我们的生活，然而人们对它知之甚少。

当我们把"二八法则"应用到时间管理上时，就会出现以下假设：一个人大部分的重大成就，包括一个人在专业、知识、艺术、文化或体能上所表现出的大多数价值都是在他人生少部分时间里取得的。如果快乐能测量的话，则大部分的快乐发生在很少的时间内。而这种现象在多数情况下都会出现，不论这种时间是以天、星期、月、年，还是以一生为单位来度量，用"二八法则"来表述就是：80%的成就是在20%的时间内取得的；反过来说，在剩余80%的时间内只创造了20%的价值。换言之，一生中80%的快乐发生在20%的时间里，也就是说，80%的时间只获取了20%的快乐。

如果承认上述假设，那么你将得到4个令人惊讶的结论。

结论一：我们所做的事情中，大部分是低价值的事情。

结论二：在我们所有的时间里，有一小部分时间比其余的多数时间更有价值。

结论三：若我们想依此采取行动，就应该采取彻底的行动，只做小幅度改善没有意义。

结论四：如果我们好好利用20%的时间，会发现这20%的时间是用之不竭的。

由此可见，只有养成做要事的习惯，对最具价值的工作投入充分的时间，工作中重要的事才不会被无限期地拖延。

坚持要事第一，把握好关键的20%，分清楚事务的轻、重、缓、急，将自己的主要精力集中在最重要的事情上，这是"二八定律"，即帕累托定律告诉我们的。记住这个定律，并把它融入工作当中，对最具价值的工作投入充分的时间，否则你永远都不会感到安心，你会觉得自己陷于一场无止境的赛跑中永远也赢不了。"分清轻重缓急，设计优先顺序"，这就是管理时间的精髓。

🎩 在正确的时间做正确的事

人要想获得成功，有时光靠"做"是不行的，还要找对机会，只有在最正确的时间内做最正确的事情，才能获得成功。时机不到时要克制自己的冲动；时机一到，便要用强大的自律精神约束调整自己，让自己立即投入工作中。

黄潇潇来这家公司的时间不短，工作上也没有比别人少出力气，但在自己的工作岗位上就是难以获得与付出相应的业绩，因此她一直以来都得不到提升的机会，这让她感到很苦恼。

有一天，黄潇潇把自己的情况告诉了她的上司，上司问她："你是不是每天都在很忙碌地工作？"黄潇潇回答说："是啊，别人上班我也来上班，别人下班了我还没下班呢。"上司继续问她："那你每天的工作流程是什么？"黄潇潇想了想，说："我每天早上一起来就给客户打电话，要一直打到中午12点，然后下午整理文件。你知道，对于我们做业务的来说，联系客户是第一位，所以每天上午我把最理想的工作时间都用来联系客户了……"

黄潇潇说到这里，上司打断了她的话，因为上司已经知道她工作效率低下的原因了。上司对她说："这样吧，你明天上午来公司什么都不要干，你要做的就是在下午的时候联系客户，然后次日上午整理文件。你就照我说的办吧。"

从办公室出来后，黄潇潇对上司的话将信将疑，她认为自己那么辛苦地工作都没有做出好业绩，而上司叫她明天上午什么也不做，这样就能取得成绩吗？虽然她对上司的话有所怀疑，可还是照着上司的方法去做了。结果没几天，黄潇潇就发现自己的业绩有所好转，这让她感觉很意外，她又去找上司请教奥秘。上司对她说："你原先工作业绩不好的原因在于你对工作时间的安排有误，你在上午的时候联系客户，你想想，这个时候客户要么在上班的途中，要么还在睡觉，你选择此时联络他们能有好效果吗？你的问题其实就是在错误的时间做了错误的事情。"

案例中的黄潇潇，其工作效率低下的原因不是她工作不够努力，而是她对于工作时间的安排不够科学。这样的人虽然看起来非常自律，但是由于没有合理地安排时间，找不到最好的时机，效率往往非常低下。

真正的自律并不仅是要求自己做事，而且是要学会管理自己的时间，让自己在正确的时间做正确的事情。有些职场人做事情不考虑时机性，什么时候想起来什么时候做，这样很难取得好效果。大体说来，职场人办事不考虑时机主要有以下几种情况。

汇报工作时不考虑上司是否有时间。上司着急要出门，你去汇报工作，他哪里还有心情听你汇报？上司手头上正有很重要的事情，你去找他，他听也不是，不听也不是，你汇报工作哪里还有什么效果？抓不住有利时机去和上司沟通就难以取得效果，工作效率又从何谈起？

同事都在忙自己的事情，你去找他帮忙。同事之间相互帮忙是很正常的事情，可是你选择大家都在忙的时候去找别人，这分明是存心给同事出难题。即使同事答应帮你，也是敷衍了事，到最后你还得返工，肯定会影响你的工作效率。

找准时机的重要前提就是审时度势，客户明明不想和你交谈，你却没有发觉，即使客户硬着头皮和你谈下去，效果也不会好。上司虽然不太忙，但是他的心情不太好，而你仍然去找他争论工作上的对错，自然难有结果。这都是因为你在不正确的时间内做了不正确的事，是自找苦吃。

有些人无论做什么事都着急，从来不考虑时机。古人早就说过，欲速则不达。有些职场人偏偏是急性子，遇事总想第一时间就解决。殊不知，很多事是需要时机去处理的，不是说你越快处理效率就越高。时机不到，即使付出再多的努力也是枉然；时机到了，顺水推舟便能有效地处理了。

这其实就是在正确的时间内做正确事情的真谛。

以上都是职场人办事不考虑时机的表现，在职场中，只要稍加观察，就能发现凡是有这些问题的职场人，其工作效率都不太高。那些真正高效率的职场人不见得花在工作上的时间有多长，但他们一定会抓住最合适的机会去办事。

职场中，每个人都是 8 小时工作制，都付出同样的汗水，可是每个人的业绩有很大的不同，这就是因为有些人善于在正确的时间内做正确的事情，而有些人则是把精力都浪费在不正确的时机上，久而久之，职场人之间的差异便产生了。

所以，职场人应该锻炼自己掌握时机的能力，让自己变得更加睿智和高效。在正确的时间内做事，能让职场人事半功倍地完成自己的本职工作，这一点是每个职场人都希望看到的。

—— 第六章 ——
习惯自律：从纠正小毛病开始管理人生

从某种意义上说，"习惯是人生最大的指导"。因为很多时候，一个小小的坏习惯就能让我们饱尝苦果。所以，要培养自律的意识，就要从战胜小毛病开始，不断积累自己的自控能力。

🎩 习惯的力量是巨大的

从一个人的习惯就可以看出他的自控能力，因为习惯是自控能力的体现。一个人自控能力的强弱就体现在他在日常生活和工作中有意或无意间表现出的习惯上。

然而，什么是自控能力呢？所谓自控能力就是一个人善于自我支配和自我调节的能力。心理学认为，自我控制能力是自我意识的重要组成部分，它是个人对自身心理和行为的主动掌握，是个体自觉地选择目标，在没有外界监督的情况下适当地控制、调节自己的行为，抑制冲动、抵制诱惑、延迟满足、坚持不懈地保证目标实现的一种综合能力。良好的自控能力也是一个成熟的人进入社会必须具备的能力之一。

如果一个人缺乏自律精神，没有自控能力，干什么都无所谓，那么什么也都会对他无所谓；相反，如果一个人做什么事情都能自我约束、仔细认真、精益求精，那么成功也就离他不远了。

不仅如此，一个人的习惯还会影响他的品格，从而影响其日后的发展。有些青年原来品格优良，但因为后来沾染了一些恶习，结果再也没有出头之日。很多年轻人一开始很不注意自己的习惯，觉得那只是微不足道的小事，但是久而久之，他们可能因为一些恶习而为他人所排挤，于是开始反思：真没想到那样不经意的小毛病也会成为日后改不了的恶习。但是，这时懊悔又有什么用呢？

一个有志成大事的青年为了自己的前途，无论如何都要抵制不良诱惑，在任何诱惑面前都要坚定决心、不为所惑。他必须永远善于自我克制，他选择的娱乐应该是正当而有意义的，否则只要稍动邪念，就可能一下子毁掉自己的信用、品格和成功。如果仔细分析一个人失败的原因，就可知道多半是因为此人缺乏自控能力和有着某些不良的习惯。

美国石油大亨保罗·盖蒂曾经嗜烟如命。

在一次度假中，他开车经过法国，天降大雨，他在一个小城的旅馆停了下来。吃过晚饭，疲惫的他很快就进入了梦乡。

清晨两点钟，盖蒂醒来了，他想抽一根烟。打开灯后，他很自然地伸手去抓桌上的烟盒，不料里面却是空的。他下了床，搜寻衣服口袋却一无所获，他又搜索行李，希望能发现无意中留下的一包烟，结果又失望了。此时，旅馆的餐厅、酒吧早已关门，他唯一可以获得香烟的办法是穿上衣服走出去，到几条街外的火车站去买，因为他的汽车停在距旅馆有一段距离的车房里。

越是没有烟抽，想抽烟的欲望就越大，有烟瘾的人大概都有这种体验。于是盖蒂脱下睡衣，穿好出门的衣服，在伸手去拿雨衣的时候，他突然停住了，他问自己：我这是在干什么？

盖蒂站在那儿寻思：一个所谓有修养的人，而且相当成功的商人，一个自以为有足够理智对别人下命令的人，竟要在半夜三更离开旅馆，冒着大雨走过几条街，仅仅是为了得到一支烟。这是一个什么样的习惯？这个习惯的力量竟如此强大。

没过多久，盖蒂下定决心，把那个空烟盒揉成一团扔进了纸篓，脱下衣服，换上睡衣回到了床上，带着一种解脱甚至胜利的感觉，几分钟就进入了梦乡。

从此以后，保罗·盖蒂再也没有抽过烟。当然，他的事业越做越大，最终成为世界顶级富豪之一。

烟瘾很大对任何人来说都不是一个大的缺点，保罗·盖蒂却坚持改变，这是因为他意识到习惯的巨大力量。一位理智、成功的商人居然会为一支香烟而六神无主，如果是在休闲时间倒没什么影响，但如果是在谈一笔大买卖时，这个习惯则会影响自身的判断，进而影响整笔生意的完成。一个人要是沉溺于坏习惯之中，就会不知不觉地把自己毁掉。

是的，习惯的力量是巨大的，因为它具有一贯性。通过不断重复，它使人们的行为呈现难以改变的特定的倾向。就像一句古老的箴言所说："习惯就像一根绳索，每天我们都织进一根丝线，它就会逐渐变得非常坚固，无法断裂，把我们牢牢固定住。"据研究，人们每天高达90%的行为是出自习惯的支配，可以说，几乎每一天，我们所做的每一件事都是习惯使然。

好的习惯使我们受益，让我们很自然地去做某些事情，而无须在意志方面付出巨大的努力；坏习惯则是我们行动的障碍，且腐蚀着我们的意志力，我们很容易受它的控制，成为它的奴隶，意志坚强的人也不例外。

每个人都有一些坏习惯，能否改正就是卓越和平庸之间的分界线。诚如奥利弗·克伦威尔于17世纪初期曾经说过的："不求自我提醒的人，到最后只会落得退化的命运。"因此，改掉坏习惯是永远都要做的一件事。

■ 做好细节管理，于细微处见真章

作为职场人，应该细心一点，多注意一些细节。只有把握好每一个细节，才能得到上司的信任。在现实职场中，许多职场人就是因为细节的缺失而给自己带来了许多不必要的麻烦。

小孙是个能力很强的员工，他的工作业绩在单位是数一数二的，但是一直得不到上司的重用。上司其实也知道小孙这些年来为公司做了不小的贡献，也在考虑提拔小孙，但是无奈小孙在很多地方不注意，这让上司很不放心，决定再观察他一段时间。

这一天，上司一进公司就准备找小孙谈话，可走进办公室的时候，小孙正在和旁边的同事嘻嘻哈哈地闲聊。上司当时很不高兴，问小孙："小孙，你的工作做完了没有？"小孙回答说："都做完了啊。"上司也不好再说什么，便气呼呼地走了。

没过几天，小孙又犯了个错误，他把公司一个多余出来的鼠标拿回家自己用了。上司为了这件事情专门询问他："小孙，你原来的那个鼠标呢？新来的同事那边少一个鼠标。"小孙很不好意思地说："呵呵，那个鼠标让我拿回家了，我看咱们公司也没人用，我明天给你拿回来……"

"不用了，你留着自己用吧。"上司说完就走了。

小孙这两个细节性的错误让上司对他很不满意，将本来打算给他升职的计划也取消了。但是鉴于他工作上的成绩是有目共睹的，所以还是决定给他加薪。加薪之前，上司还是有些不放心，就去前台那里查看出勤记录。查到小孙的时候，上司惊奇地发现，小孙竟然在一个星期内病了3天，请了3次病假。上司认为这根本就是不可能的，于是把加薪的计划也取消了。

事例中的小孙，虽然其工作能力得到了上司的认可，他却因为自己没能掌握好细节而失去了加薪、升职的机会。许多职场人在工作中也会经常犯和小孙相同的错误，殊不知，这些小错误给自己带来了许多不利影响。

在工作中，职场人做好自己的本职工作其实并不难，难就难在对任何小细节都做到一丝不苟。同事们的工作业绩可能与你相差不多，那么怎样才能超过他们，让上司对你另眼相看呢？答案就是"细节"。从细节入手，做好每一件小事，就是你超越同事的最好方法。可是许多职场人至今还认为只要工作出色，其他的一切都是次要的，这种想法可能让他们吃不讲细节的亏。

有的职场人即使在办公室里也不注意着装，在上班的时候穿着牛仔裤与休闲鞋，他们认为这又不会影响工作，没什么大问题，其实不尽然。上司希望自己管理的团队犹如军队般整齐划一，而你的这身休闲打扮却完全破坏了办公室的整体性，他们怎么会高兴？有的员工喜欢在上班的时候打私人电话，而且非常频繁，他们认为打个电话又不影响工作，没关系。殊不知，上司对于这种破坏办公室气氛的行为早就心存厌恶了。

还有的员工喜欢工作时嚼口香糖，然而办公室不是 NBA 赛场，你也不是什么明星大腕。当上司看到你这种情况时，说不定在他们心里，一股无明之火早就油然而生了。

诸如此类不该触犯的小细节在工作中比比皆是，职场人稍不注意就可能给上司留下坏印象，到时候因为这些小细节而失去升职、加薪的机会就太不值得了。

把握细节，除了能够让自己不被一些小错误困扰之外，还能提高工作效率。很多人在工作的时候大大咧咧、丢三落四，因为一个小失误而返工是经常的事情，这极大地影响到工作效率。职场人在工作的时候应当好好把握细节，细节决定工作的效果。工作中把握好细节有以下几个要点。

首先，从态度上重视。做任何事情都需要认真求实的态度和工作作风，一板一眼、扎扎实实才能把工作做好。有些职场人过于浮躁，为了早日完成工作而不注重细节的把握，这样会对工作质量和工作效率造成很大影响。其次，认真做好工作计划，把工作中的每个步骤都细节化、具体化。在得到一项新任务的时候，不要着急去干，事前应该把每个步骤进行分解，从简单到复杂，再到简单，在这个过程中需要对每一个环节进行量化、实施、跟踪、评估、改进。最后，在节点的环节进行总结，把已做完的事情系统化，这样才能避免工作中的脱节，使自己的工作更有效率。

总体来说，这 3 点都是细节性的环节，但是如果把这些细节性的环节都做到了，那么工作就会变得高效而富有质量。职场人需要把握细节来避免失误、提高效率，一个能够成功掌握细节的职场人才能真正掌控全局，获得上司的垂青，这是每个职场人都应该明白的道理。

"合抱之木，生于毫末；九层之台，起于累土；千里之行，始于足下。"

可见，任何一次成功都离不开细节。一根链条，最脆弱的一环决定其强度；一只木桶，最低的地方决定其容量；而一个人，最差的品格决定其发展。祸患常积于疏微，而智勇常困于所溺。从一个细节中，我们有时可看出事态的发展趋势。当纣始为象箸，箕子就曾叹曰："彼为象箸，必为玉杯；为杯，则必思远方珍怪而御之矣。舆马宫室之渐自此始，不可振也。"或许有人会说，"大行不顾细谨，大礼不辞小让""做大事不拘小节"，然而殊不知，"大丈夫应扫天下，一屋不扫，何以扫天下"！

有一种颇为流行的说法：看历史要看大势，看形势要看主流，看人物要看大节。这自然没错，但不要忘记，小事、细节也以其生动、直观、真实的特点而显得更鲜活、更有魅力，为人所喜闻乐见、津津乐道，而且可由小见大、见微知著。伟业固然令人神往，但构成伟业的是许多毫不起眼的细节，只有做好每一个细节才有可能成就伟业。因此，唯有改变心浮气躁、好高骛远的毛病，脚踏实地从小事做起，注重细节，方能成功。

▊ 多做一些分外事，你会离成功更近

多做一点点听起来很容易，可有多少人真正做到了呢？有的人认为这不是挑战，其实这就是最大的挑战。在工作中，如果敢于多承担一点、多做一点，并持之以恒，你就能创造出非凡的业绩。

要知道，成功和失败往往体现在日常微不足道的习惯上，一些小的行动往往会产生很大的差异。正是每天提前 5 分钟开始工作、多打一个电话、多联系一个客户、多思考一个问题、多总结一次工作，这一点点的积累造就了那些成功的人，毕竟没有一个人是一下子获得成功的。

从自身的角度来讲，多做并不吃亏，万事都有因果。做得多，经验积累得就多；做得多，得到的回报也就多。这种回报不仅仅指领导发给你的工资，还有同事的认同、自身价值的体现等。只要你是个有心人，今后发展的机会必然多于他人。

无论从事哪一项工作，只要你肯付出，终有一天，额外的工作会为你带来意想不到的收获，因此多做一点点是一种好习惯。只要你每天多做一点点，成功也就会离你更近一点点。多做一点点是一种习惯，更是一种职业精神，只要坚持去做，就会改变你的整个职业生涯，影响你的一生。

查理·贝尔是澳大利亚人，曾是麦当劳公司一位杰出的首席执行官。他也是第一位担任麦当劳的首席执行官的外籍人。他从一个打扫厕所的勤杂工做起，一步步登上了事业的巅峰。虽然他英年早逝，但他"多做一点点"的精神激励着一代代的麦当劳员工。

2004年4月，查理·贝尔被提名为麦当劳首席执行官，其实他早在15岁那年就与麦当劳结下了不解之缘。当时，他家境十分贫寒，为了生计来到悉尼一家麦当劳打工。第一次去应聘的时候，这家店的经理里奇看他瘦骨嶙峋、营养不良，而且长相、穿着都显得很土气，便以暂时不缺人手为由委婉地拒绝了他。但贝尔没有就此放弃，很快他又来了，再次恳请给他一份工作，并说不要薪水，只要管饭就行。

这位经理看着贝尔，贝尔利用他犹豫的机会小声说："我看您店里厕所的卫生情况不太好，没准儿会影响您的生意，要不就安排我打扫厕所吧。"里奇见贝尔实在可怜，就同意将他留在店里，但说明只是试用。扫厕所是一个又脏又累的活儿，几乎没人愿意干，但贝尔很珍惜这份来之不易的工作机会。

在试用期间，他踏踏实实地干活，每天天不亮就起床把厕所彻底打扫一遍，每隔1小时就去查看一下，发现脏了马上再打扫一遍。在工作中，他还总结了一些经验，比如先清理大的纸张，然后在又湿又脏的地方撒上干灰，把水吸干后再扫，就能扫得非常干净。为了维持厕所的清洁环境，他还别出心裁地特意在厕所周围摆上一些花草，以便给顾客多一点儿美的感受。为了增添文化气息，他还在厕所的墙上贴上一些类似"生命无法重来"的格言警句。这一举动颇受顾客的欢迎，也引起了麦当劳公司领导的注意。而且除此之外，他还做了擦地板、翻烘烤中的汉堡包等力所能及的事。他所干的这一切都被总经理里奇看在眼里。

　　3个月的试用期过后，贝尔理所当然地被正式录用，成为麦当劳一名正式员工，接受了正规的职业培训，之后他被安排到店内的各个岗位实习。贝尔没有辜负里奇的一片苦心，经过几年的锻炼，全面掌握了生产、服务、管理等各个环节的工作流程，年仅19岁就被提升为麦当劳澳大利亚公司的店面经理，27岁成为麦当劳澳大利亚公司副总裁，后来，他又被调到美国总部，先后担任亚太、中东、非洲及欧洲地区的总裁。2002年底，他被提升为首席运营官。2004年4月，他担任麦当劳公司的总裁兼首席执行官，成为麦当劳历史上最年轻的首席执行官，负责麦当劳在118个国家超过3万家餐厅的经营、管理。

　　这一切看似顺理成章，实际上都源于贝尔不断的努力、追求卓越的工作态度和精神。他在每一个岗位、每一个职位上都一如既往地关注细节，以"多做一点点"的精神给下属以表率。比如，在顾客用餐最多的时间，他总是和员工们一起去站台服务并接待顾客，这一点是其他任何一位首席执行官都无法做到的。查理·贝尔从一位扫厕所的员工做起，成长为麦当劳的首席执行官，靠的就是这种"多做一点点"的精神。

　　所以，在工作中，即使是一名普通的员工也要有肯于付出的精神，主动比别人更努力一点，每天多做一点就可以多赢一点，多赢一点就会离成功更近一点。

🔔 把握界线，做到公私分明

　　公私不分是工作时的大忌，在把握的界限上加强自律，既可以避免让自己陷入以公肥私、以私废公的泥沼，也可以少惹是非，更单纯轻松地投入工作。

　　公司是讲求效益的地方，任何投入必须紧紧围绕产出来进行。上班的时候处理私人事务无疑是在浪费公司的资源和时间，因此如果你有在工作期间处理私人事务的坏习惯，领导就会觉得你不够忠诚。如果领导有了这样的想法，不用说脱颖而出，估计你离卷铺盖走人也就不远了。

上班时间不做私事是公司对每一个职员最起码的要求。也许你会认为这是无伤大雅的小事，但如果每个人都假公济私，在办公室里打私人电话、发私人传真或因私事上网，其直接后果是增加了公司的通信开支。而这，当然是领导不愿意看到的。

在工作岗位上，自律是种非常关键的品质。也许并不是每个人每天都能以最好的状态去工作，但是不管怎么样，请你记住，上班时间千万不要做私事，因为这是职场人最基本的自律，也是一种职业道德。

想要做到公私分明，必须做到以下几点。

1. 上班时间不做私事

这是公司对每一名职员最起码的要求，也是员工对公司最起码的尊重。虽然很多人认为在上班时做点私事无伤大雅，但假如每个人都利用公司的资源做私事，比如在办公室里打私人电话、发私人传真或因私上网，无形之中就会增加开支，到时候公司找你"开刀"就不妙了。如果公司不能赢利，你就得不到更多的薪水，公司倒了你就会失业，不管怎样你都占不到便宜，这种情况是典型的因小失大。

公私分明是职员应该遵守的职业纪律和职业道德。在上班时办私事，不仅会耽误工作进度、影响工作气氛，还会造成公司和职员之间"谍对谍"状况的发生，例如大家都在上班时间办理私事，久而久之，公司就不得不采取防范措施，如电话上锁、计算机加密等，徒增双方的困扰。因此，不在办公室里处理私事，是每个员工都必须加以注意和遵守的。

2. 不侵占公司的物品

不要占用公司的一个纸袋、一枚信封、一支铅笔甚至一张信纸，这些看起来微不足道的小细节却反映出一个人的职业操守。

3. 不要把私人物品放在办公室里

在办公室里，除了雨具、备用衣服、餐具、小镜子、梳子等必备用品外，尽量不要把其他私人用品放在办公室里。严格来说，不仅不应该在公用的柜子里放置私人用品，更应该尽量不要在个人办公桌的抽屉中放置过多的私人物品，否则很容易给人留下不好的印象，甚至会让主管觉得你并没有把办公室当作工作场所（但少数讲求个人特质的文化产业属于此原则当中的例外）。

对有些人来说，清楚明确地把公事与私事分开是很难做到的，有太多的"诱惑"会让他们在谨守分寸与随意懈怠之间迷失、挣扎，这多半是自律不足造成的。相反地，对另外一些人来说，公私分明是再简单不过的事，因为自律让他们心中多了一道防线。

一位领导曾经这样评价一位当着他的面打私人电话的员工："我想他经常这样做，否则他怎么连我也不防？也许他没有意识到这有悖于职业道德。"另有某公司的领导说："我不喜欢看见报纸、杂志和闲书在工作时间出现在员工的办公桌上，我认为这样做表明他并不把公司的事情当回事，他只是在混日子。"

对领导来说，在工作时间处理私人事务的习惯，在很大程度上反映出员工的工作态度。有些领导通常把私人事务的多少当作一位员工是否积极上进、安心本职工作的考核标准。因此，公私不分、在工作时间处理私人事务既影响你的工作质量，也直接影响你在领导心目中的形象。你是否想过，公司付给你的薪水是到下班为止，即使是下班前一分钟也不容许你做自己的事。这些虽都是小事，却体现出了一个人的工作态度、行为方式、做人理念，因此是不能疏忽的。

▋ 让敬业精神成为一种习惯

每个人的身边总有几个"极端分子"，有的做起事来像拼命三郎，一丝不苟地追求完美，而且勤奋又敬业；有的一天只做两件事：打卡和混日子。偏偏后者还特别喜欢对前者进行一番冷嘲热讽，时常酸不溜丢地问："这么拼命干吗？领导又没给你加薪！"因为在这些人眼里，对工作多付出一分，就意味着必须马上获得不止一分的回报，否则绝不愿意多做一点"分外事"，更不用提什么追求完美，那等于浪费时间，也等于生意亏本。

不过，优秀的人绝不会这么想，对他们来说，敬业态度是本分，就像活着要呼吸一样天经地义，没有理由，只有习惯，这种习惯正是在长年累月的自律中逐步养成的。

一些年资较长的同事或主管常常发出类似的感慨："现在年轻人的敬业精神已经大不如前。平时工作漫不经心就算了，犯了错还说不得，对他们要求严格一点就直接一走了之。能够虚心学习、踏实苦干、认真负责的真的不多了。"

敬业精神原本应该是必备的职业道德，但现实情况是我们在职场上越来越少看见。如果能把敬业态度转化为一种职业习惯，那么将从中受益终身。

业绩卓著的采购员张一鸣除了专业能力让同事们深感佩服之外，他对工作的敬业精神更值得每一位在职场打拼的人好好学习。

刚毕业的时候，张一鸣花了很长一段时间学习和研究怎样用最便宜的价钱买进货物，使公司更赚钱，当时他甚至还不是一名正式的采购人员，这么做只是因为他将"成为专业采购员"设定为职场目标之一。

在持续努力之下，他果然成功地进了采购部门，此后他开始非常勤奋地工作，千方百计地找到供货最便宜的供货商，买进上百种公司急需的货物。其实张一鸣所担任的采购工作并不需要特别的专业知识，其他部门提出需要采购什么后，他只需要决定到哪儿购买就可以了，但他付出了职责范围以外的努力，兢兢业业地为公司节省了大量资金，成效斐然。

29岁那年，公司将1/3的产品采购任务交给了他，这时他为公司节省的资金已超过80万美元。得知这件事后，副总经理马上为他加薪，而他的付出和努力更赢得了总裁的赏识，连年晋升，36岁那年他被任命为副总裁，年薪超过10万美元。

张一鸣这种对工作的激情不一定适用于每一个人，但他的敬业精神值得我们所有人学习与仿效，尤其是隐含在这种敬业精神背后的自律态度更值得人们深思。

所谓"敬业"，就是要敬重你的工作。我们可以从两个高低不同的层次进行理解。从低层次来说，敬业是为了对领导有个交代，出色地完成工作任务；从高层次来说，敬业是把工作当成自己的事业，是对工作具备一定的道德感和使命感。总而言之，"敬业"的表现就是认真负责、一丝不苟、有始有终。拥有自律能力者较容易办到，反之，缺乏自律精神者则很难做到这一点。

有的人没有认清工作的本质目的是"自我价值的提升"，误认为上班是为他人赚钱，因此在工作上总是能混就混，总认为反正不管公司赚钱还是亏钱都和自己没关系，也不用自己去承担。其实，工作敬业，表面上看来是领导获得了好处，但实际受惠的还是自己。因为与不敬业的人相比，敬业的人能在工作中积累更多的经验，而这些经验就是你未来能持续向上发展的垫脚石。就算以后换了公司或行业，敬业精神同样会对你有益。通过自律把敬业转变为习惯的人，不管从事哪种行业都比较容易获得成功。

也许有些人天生就有敬业精神，对于任何工作，一上手就会全力以赴，但多数人的敬业精神则需要后天的培养和锻炼。如果你认为自己还不够敬业，那就应趁年轻的时候强迫自己学会敬业。经过一段时间的自律之后，让敬业变成大脑中的一种习惯。

脚踏实地，注重实干

你可能有过这样的经验：站在沙堆里的时候，无论怎么使劲跳，总是不如在结实的路面上跳得高、跳得远。其实，工作也是如此，如果我们总是好高骛远，不能踏踏实实地做好平凡的工作，那就等于没有坚实的基础，又怎能向上跳，继而取得进步呢？

无论你现在在什么样的公司工作，科技、出版、电子、贸易、娱乐……也不管你正担任的是什么职位，后勤、业务、办事员或主管……正所谓"职业不分贵贱"，认真看待自己的责任，脚踏实地、全力以赴、自我成长将是你所获得的最好的回馈。

通过经验的累积，不仅外在的工作能力越来越强，内在的心智也会跟着有所成长，如此"里应外合"之下，你就奠定了坚实的基础，也做好了追求下一个阶段成功的准备，而这一切都需要你的自律精神作为基础。

但是，现实中有这样一种人，他们天天幻想着自己能获得伟大的成就，却从来没有从卑微处努力的自律精神。有一个词专门形容这类人——好高骛远。

好高骛远的人在人生的道路上很容易犯下一个大错误，他们总以为走向成功的人生有"直达车"，自己可以不经历困难而轻松抵达、不经历低谷而直达高峰、舍弃细小而直达博大、跳过眼前而直达远方。目标远大固然很好，但光有远大的目标是不够的，还要为此付出努力才行。如果只是空怀大志却不愿脚踏实地地执行，那远大理想就永远只能是空中楼阁，永远只是计划中的计划。

不能脚踏实地地付出努力的人，最大的失误就是不切实际，明明身处于现实之中，却总是看不清楚（或者不想看清楚），导致的结果就是他们容易误判情势，常以"以己之长比人之短"，然后便陷入"这也看不惯，那也看不惯"的窘境，要不就是以不屑的态度看待一切，以为周围的人和事物都故意和自己做对。

这些人因为脱离了现实，不能正视自己，没有自知之明，只能生活在虚幻之中，见到一个无限夸大的自己，自律精神更是无从谈起。不能脚踏实地，所有远大的目标也只不过是海市蜃楼。

事业就像一辆车，而工作态度就是车轮，如果我们不让车轮着地，那么这辆车永远不可能往前开。只有脚踏实地才能进步，伟大都是从平凡中衍生出来的。

在斯特拉特福子爵为克里米亚战争举办的晚宴上，他们做了一个游戏，军官们被要求在各自的纸片上秘密写下一个人的名字，这个人要与那场战争有关，并且是那场战争中最有可能流芳百世的人。结果每一张纸上都写着同一个名字："南丁格尔。"带来光明的天使——南丁格尔，她是那场战争中赢得最高声誉的妇女。

1860 年 6 月 24 日，南丁格尔将英国各界人士为表彰她的功勋而捐赠的巨款作为"南丁格尔基金"，用于表彰那些做出突出贡献的护士。"南丁格尔奖"被视为护士行业的最高荣誉。

革命导师马克思也对南丁格尔的勇敢和献身精神十分敬佩和感动，曾多次赞扬这位伟大的女性。如今，全世界都将 5 月 12 日作为护士节以纪念她，将她称作现代护理工作的创始人。下面是一段关于南丁格尔的故事。

南丁格尔带着护士小分队来到了战地医院，在几个小时内，成百上千的伤员从巴拉克战役中被运回来，她的任务就是要在这个痛苦嘈杂的环境中把事情弄得井井有条。不一会儿，又有更多的伤员从印克曼战场中被运回来，什么事情也没有准备好，一切都需要从头安排。而当各种事务都在有序地进行时，她自己又会去处理其他更危险、更严重的事情。在她负责的第一个星期，有时要连续站立 20 多个小时来分派任务。

"南丁格尔的感觉系统非常敏锐。"一位与她一起工作过的外科医生说，"我曾经和她一起做过很多非常重大的手术，她可以在做事的过程中把事情做得非常准确。特别是救护一个垂死的重伤员，我们常常可以看见她穿着制服出现在那个伤员面前，俯下身子凝视着他，用尽她全部的力量，使用各种方法来减轻伤员的疼痛。"

一个士兵说："她和一个又一个的伤员说话，向更多的伤员点头微笑，我们每个人都可以看着她落在地面上那亲切的影子，然后满意地将自己的脑袋放回到枕头上安睡。"另一个士兵说："在她到来之前，那里总是乱糟糟的，但在她来过之后，那里圣洁得如同一座教堂。"

　　南丁格尔并没有因为自己的工作卑微而轻视它，相反，她对其投入无限的热忱，她高尚的人格以及对工作无私的付出和近乎虔诚的实干精神使她获得了所有人的尊敬和信赖。南丁格尔的事迹告诉我们，具有自律精神、愿意实干的人应该受到所有人的尊敬。人们永远尊重那些肯脚踏实地付出的人，就像永远尊重对自己的人格负责的人一样。

　　脚踏实地的自律精神是一种伟大人格的体现，一个人最有魅力的时刻莫过于他承担自己本职工作的那一瞬间。意大利哲学家马志尼说过这样的话："我们必须找到一条比任何理论都优越的教育原则，用它指导人们向美好的方向发展，教育他们树立坚贞不渝的自我牺牲精神，这个原则就是对于责任的实干精神，这种责任是他们终生的责任。"

　　实干精神是一个人品格和能力的承载，是一个人走向成功必不可少的一项素养。所有成功的人具备一个共同的品质——责任感。聪明、才智、学识、机缘等固然是促成一个人成功的必要因素，但假如他缺乏脚踏实地的自律精神，仍不会成功。

—— 第七章 ——
言行自律：谨言慎行，方能致远

> 你的一言一行都需要靠自律来约束，因为你的一言一行不是走过场，你的每一个动作、每一句话都会影响到你身边的每一个人，也会影响到他们对你的看法。所以，越是感觉良好的时候，越要谨言慎行。

谨言慎行不等于畏首畏尾

"谨言慎行"是指一个人言行举止小心谨慎，能够时刻保持自律自警。从字面上来看，给人的感觉与"畏首畏尾"有些相近，其实这两个词有着天壤之别。一些人因过分小心谨慎、习惯畏缩，我们可以说其"畏首畏尾"，这与"谨言慎行"的本意可谓背道而驰，只能说他们言过其实。

语言是交流思想的工具，但也是可能引起各种祸端的理由。说出去的话就像泼出去的水一样，很难收回，所谓覆水难收就是这个道理，况且多言取厌、轻言取侮、言多必失。所以，《曾子·修身》上说："行欲先人，言欲后人。"意思是说，我们说话要经过深思熟虑，只有这样才不会招惹是非；做事要说做便做，不拖泥带水，只有这样才能养成雷厉风行之性。

之所以要谨言慎行，是因为言语行为谨慎对于一个人立身、处世具有很重要的意义。古往今来，成大事者无不是谨言慎行的人。也许你还不知道那些不经大脑的言行会为自己和别人带来多少麻烦，而那些麻烦又会为自己和他人的人生留下怎样的烙印。

张爱丽待人非常热情，经常给朋友以热情帮助，可是周围的人总是很讨厌她。原来，张爱丽在交往中总是会违背言语交际的原则。因此，虽然她主观愿望很好，结果却总是帮了忙还不惹人喜爱，事与愿违。

实际上，熟人、朋友之间为增进感情而交际，说话"随便"一点压根没有什么，但是这种"随便"应该掌握好分寸，应该有一个合适的"度"。因为每个人心灵中都有自己最隐私的一面，所以在交谈的时候，我们应该顾及对方的自尊，以免让他人陷入难堪的境地。

而张爱丽却完全不考虑这些，她曾对一位很胖的女同事高声说："哟，你怎么又长膘啦？你爱人净弄什么好的给你吃，把你喂得这么肥啊？"

张爱丽本没有一点恶意，但是这些话语无疑激起了对方的厌恶，使对方从内心深处讨厌她，不仅达不到亲近的交友目的，反而拉开了双方的心理距离。

失去丈夫是人生中最不幸的事情之一，一位好朋友刚刚死了丈夫，正处在守丧期间，张爱丽为了让她不难过，便非常热情地邀请她去看最新上映的喜剧片。她笑嘻嘻地说："装什么装啊！这下子没有人管你了，乐一乐。"这种自认为亲近他人的说话方式真是让人难以接受，会无情地伤害对方。

我们也许有过这样的体会：有的人在行为上、物质上热心地帮助了别人，却在特定场合措辞不当，使对方的感激之情烟消云散，甚至产生了反感之情。毫无疑问，张爱丽就是这种人。

张爱丽的言行就是生活中如何正确说话的一面镜子，我们在言语交际的过程之中一定要引以为戒，不管是说话还是做事，一定要管住自己，不能想到什么说什么、想起什么做什么，这是没有自律的体现。一个自律的人能够管住自己的言行是最基本的素养，那些口不择言、做起事来不考虑别人感受的人，一定不是自律的人，也很难获得成功。

尤其是在现代复杂的社会环境下，如果我们不注意说话的内容、分寸、方式和对象，往往就会祸从口出。正像人们常说的那样：你不说话，别人不会以为你是傻瓜。愚蠢的人用嘴说话，聪明的人用脑说话，智慧的人用心说话。

因此，谨言慎行乃君子之道，我们应该学会为自己的言行负责，而不是为此付出代价。

谦虚为人，不炫耀才是高级的修养

山原本高大，但处于地下，高大就显示不出来，所以人们往往看到的只是冰山一角。对于人来说，虽然德行很高，但能自觉地不显扬，这就是我们说的谦虚之美德。也就是说，谦虚是有才华而不自以为是，有很高的才能和品德却不去过度表现之美德。

任何人在潜意识里都是争强好胜的，自负是人的本性之一。喜欢表现自我本来是人的一种正常的欲望，但任何事物都是过犹不及。生活中，我们经常会遇到一些总爱过度表现自己的人，他们总喜欢指出别人这件事做得不合适、那件事做得过分，似乎他们什么都行，对什么都可以说出个所以然来。他们之所以摆出这样一副"万事通"的面孔，就是唯恐被人轻视。这种自负其实恰好是自卑心理的表现。本来他们炫耀的目的是想提高自己的地位，殊不知，这样做只能使他们更遭人反感甚至厌恶。东汉末年的杨修就是这种人。

杨修以才思敏捷、颖悟过人而闻名于世，他在曹操的丞相府担任主簿，为曹操掌管文书事务。

一次，北方来人向曹操进献一盒精心制作的油酥，曹操开盒尝了尝，觉得味道很好，因此连说了两声"好"，随即盖上盒盖，在盒上题写了一个醒目的"合"字后便走开了。

曹操的侍从们凑到了一起，七嘴八舌地议论起来，谁也不知曹操的葫芦里卖的什么药，于是决定请杨修来琢磨琢磨。杨修来后，思索了一会儿，便动手打开这盒油酥。一个老文书连忙说："不要动，这可是丞相喜欢吃的呀。"杨修对大家说："正是因为它味道好，丞相才让我们一人一口分了吃的。"老文书不解地看着杨修，杨修淡然一笑说："这盒盖上的'合'字不正明白地告诉我们'一人一口'吗？"后来曹操得知杨修猜中了他的心思，心中不禁顿生妒忌之意。

建安十九年春，曹操亲率大军进驻陕西阳平，与刘备争夺汉中之地。刘军防守严密，无懈可击，又逢连绵春雨，曹军出战不利。曹操见军事上毫无进展，颇有退兵的意思。

这天，曹操独自一人吃着饭，同时也在思考下一步的行动。一个军令官前来请示曹操，问当晚军中用什么口令。因为军中规定每晚都要变换口令以备哨兵盘查来人。此时，曹操正用筷子夹着一块鸡肋骨，于是脱口而出："鸡肋。"军令官听后并没有觉察出什么奇怪。

消息传到杨修耳朵里，他便整理笔札、行装，做离开的准备。一个年轻的文书见状后问道："杨主簿，这天天要用的东西有什么好收拾的？明天还不是要打开吗？"

"不用了，小兄弟，我们马上就可以回家了。"杨修诡秘地一笑说。

"什么？要回家了？丞相要撤退，连点儿蛛丝马迹也没有呀？"小文书不解地看着杨修。杨修笑笑说："有啊，只是你没有察觉到罢了。你看，丞相用'鸡肋'做军中口令，'鸡肋'的含义不就是'食之无味，弃之可惜'吗？丞相正是用它来比喻我军现在的处境。凭我的直觉，丞相已考虑好撤军了。"

消息又传到夏侯惇那里，他听了也觉得有理，便下令三军整理行装。当晚，曹操出来巡营时一见，大吃一惊，急令夏侯惇来查问。夏侯惇哪敢隐瞒，照实把杨修的猜度告诉了曹操。对杨修的过分机灵早已不快的曹操这下子抓到了把柄，立即以惑乱军心的罪名把杨修给杀了。

后来的事实证明，曹操虽杀了杨修，但最终还是下令退离了汉中。然而，就杨修而言，他必死无疑，因为他五次三番地恃才傲物，逞口舌之快，不知道收敛自己，节制自我表现欲，而把小聪明用在一些无用的小事上，又不顾忌上下尊卑，随心所欲地言行。毫无疑问，正是因为他的不谨言慎行才招来了杀身之祸。

一个人有才能是件值得佩服的事，如果再拥有谦虚的美德，那就更值得敬佩了。事实上，没有一个人能够有足够的资本骄傲，因为任何一个人即使在某一方面有很高的造诣，也不能说他已经彻底精通，任何一门学问都是无穷无尽的海洋，都是无边无际的天空……所以，谁也不能认为自己已经达到了最高境界而停步不前、趾高气扬。如果是那样的话，必将很快被他人赶上并超过。虚怀若谷、虚心好学才能容纳真正的学问和真理，才能取人之长、补己之短，日益完善自己的人品和影响力。

▌愈是得意之时，愈要保持自律

在生活中，我们会发现有这样一种情况：一个人一文不名的时候显得比较谦虚，但一旦得势后便居功自傲、恃才傲物、盛气凌人，再也不低调了。这样的人，就是缺少自律的心性，他们会随着自己处境的变化而放任自己的负面情绪。

按照系统论的观点，任何一件事都不是孤立存在的，而是存在于一个系统之中。想一想宇宙之大、人际之繁，一人之功、一己之才算得了什么？更何况每个人的"功"和"才"都是要靠着别人的帮助才能实现的。所以，才大而不气粗、居功而不自傲才是做人的根本。

如何能在飞黄腾达之后保持自己的低调作风？答案是需要人的自我约束、自律。

保持低调的自律确实很难，家财万贯、掌握大权，却还能低调做人、谦虚谨慎，对于每一个人来说都不太容易。所以，我们一定要有足够的自律精神，要管住自己那颗势利之心。

明末著名大学者顾炎武认为，做人的最大美德就是低调自谦。他说："昔日之所得，不足以自矜，后日之所成，又不容以自限。"

一个人如能感到自己的"吾不如"，就必然感到自己尚有"吾不知"和"吾不足"，只有这样的人才能真正具有虚怀若谷的品德。众所周知，普京喜欢柔道，有人问他："柔道对你最大的好处是什么？"普京说："柔道能锻炼人的勇气，在和人竞技的过程中能看到自己的不足和对手的长处，让练习者懂得尊重对手并保持谦虚。"这就是所谓"吾不如"的境界。

一个人到达了"吾不如"的境界，就能很容易体会到自己的不足。金无足赤，人无完人。即使自己做得再好，也还会有很多不足。越是有自知之明的人，越会知道自己的不足。明代大家方孝孺说过："人之不幸，莫过于自足。"只有知道自己的不足才能找到前进的目标和动力。

老子认为，"兵强则灭，木强则折"，"强梁者不得其死"。老子的这种与世无争的谋略思想深刻体现了事物的内在运动规律，已为无数事实所证明，成为广泛流传的哲理名言。

曾国藩的家书中曾经记载过这样一件事，1858年，曾国藩带领的湘军在与太平天国的战斗中节节胜利。而此时，曾国藩的九弟，也是湘军将领的曾国荃开始变得趾高气扬、不可一世。曾国藩知道后，在一个月内连续两次给曾国荃写信，他在其中一封信里写道：

"自古以来，因不好的品德招致败坏的有两个方面：一是长傲；二是多言。尧帝的儿子丹朱有狂傲与好争论的毛病，此两项就归为多言失德。历代名公高官败家丢命的也多因为这两条。我一生比较固执，很高傲，虽不是很多言，但笔下语言也有好争论的倾向……沅弟，你处世恭谨，还算稳妥，但温弟喜谈笑讥讽。听说你在县城时曾随意嘲讽事物，有怪别人办事不力的意思，应迅速改变过来。"

曾国藩之所以给他弟弟写这封信，就是因为他知道自己的弟弟在权力到手之后很难保持自律，可能会放任自己的言行，所以他才刻意写这封信，提醒弟弟自律、低调。这封信不仅对他的弟弟有警示作用，同时也告诉我们：人要保持内敛的心态，不要高谈阔论。即使与人谈话，话题也不能永远以自我为中心，不要随便把自己心中的牢骚倾诉给别人，因为你无法保证你的倾诉对象将来不会成为你的敌人。更不要意气用事,那些真正有本事的人都能沉得住气,管得住自己的嘴,以免言多语失。

话说得少,从不妄语,会使人变得有涵养,也更容易显现出自己的威严。相反,不懂得低调的人往往高谈阔论,殊不知,言多必失,到头来反而会让自己陷于被动之中。想要显示出自己的霸气,想要树立威信,那么不妨学会"沉默是金"的低调。

🎩 夸夸其谈,不如用心倾听

在人际交往中,我们常容易犯一个毛病,那就是自己侃侃而谈,完全不顾及别人的感受,这样会很容易让身边的人感觉你比较浮夸、过于自我。所以,我们应该有所自律,让自己把更多的时间用于倾听,多听取身边人的意见或者建议,给他们空间和时间,多去体会他们话语的意思,这样你身边的朋友才会注意到你,才会对你有一个好印象。这是一种倾听的自律,它会让你更加智慧。

侧耳听智慧,专心求聪明。每个人都希望被别人了解、理解,所以人们才有了说话的欲望以及表现自己的欲望。但是,凡事有度,如果话太多,只会让别人反感。我们应该做的是设身处地地为他人着想,站在对方的角度去思考问题,管好自己的嘴巴,该说的时候说,不该说的时候就认真地听,这样才能让身边人感到你对他们的尊重。

很久以前,有一个小国派使者到中国朝拜,这名使者带来了3个一模一样的小金人,活灵活现,皇帝非常高兴。使者不仅送来了3个金人,而且提出了一个问题:"这3个金人哪个最有价值?"

皇帝想了很多办法,命人去称3个金人的重量,并且让能工巧匠去研究小金人的做工,但是比较了半天,也没发现这3个金人有任何差别。皇帝便着急了,心中疑虑:天朝上国怎么能连小国的问题都答不出来?

这时，有一位大臣站了出来，他准备了3根稻草，当稻草插入第一个金人耳朵里的时候，就从另外一只耳朵里出来了；当稻草插到第二个金人耳朵里的时候，就从嘴巴里出来了；当稻草插入第三个金人耳朵里的时候，就到了肚子里，再也没出来。

大臣说："第三个金人最有价值。"

皇帝若有所悟，奖赏了大臣。使者听了皇帝的答案后也点头称是："真正有能力的人，是会倾听、会思考的人，而不一定是最能说的人。"

最有才华的人不一定是最能说的人。老天给了我们一张嘴巴和两只耳朵，为的就是要我们少说多听。生活中，我们要善于倾听，只有用心去倾听，才能及时了解别人的想法；善于倾听才是一个人成熟的表现。

有些人认为，自己说话越多，就显得越有才华。其实，这种想法是非常错误的，真正有大智慧的人绝不会滔滔不绝，而是会聚精会神地倾听。倾听是口吐莲花的前提，倾听是一种学习，了解和彼此心性的亲密接触，倾听是沉淀向慧悟升华之基。

倾听是一种智慧。当你在意某个人的时候，你才会愿意静下心来倾听；反之，如果你对这个人不怎么看重，也就不会有这样的耐心了。倾听更是一种慈悲，因为你可以站在对方的立场去思考问题、帮助对方解决问题，这才是真正的朋友应该做的。

舍弃不必要的话语，认真倾听，才能听懂一个人的心。等到你专心听完对方说的话之后再发言，就会显得更有力度。放下说话的冲动，先去倾听，听到别人的需求，才能用最简单的话语打动对方。

倾听可以让我们感受到对方心底的声音。如果我们只是滔滔不绝地去说，只会让最真实的声音消失。倾听可以给别人一种随和的感觉，还可以让别人感觉到你的真诚。倾听是我们每个人内心的需求，我们需要别人了解自己，需要朋友知心，最重要的就是需要对方的倾听与理解。

俯下身去倾听，往往可以听到别人心底的声音。不管如何，你愿意听，对方愿意说，这样才能让彼此之间的关系更加融洽。不要过于虚荣，总想展现自己，这样只会让你失去别人的好感，长此以往，你的朋友就会越来越少。

知人知面，不如知心。知心要从哪里开始？知心就要从倾听开始，倾听是了解一个人的最佳方式，倾听能让你在最短的时间里了解到别人更多的信息，只有通过倾听，你才能获得越来越多的朋友，而成功也许将在下一秒出现。

🎩 面对言语误解，约束自身言行

人们常说，"病从口入，祸从口出"。说话的时候很有可能出现歧义，会让别人误解，这就要求我们学会"说话"，让自己说错的话语在脑海里沉淀一下，然后再想想让误解消失的方法。一个人是否成熟、是否自律，能否管住自己的嘴是一个很重要的标准。

在现实生活中，经常会出现"言者无心、听者有意"的情况。有时我们感觉自己说的话是很好的，但是传到别人耳中也许就不是如此了。被误解是人之常情，毕竟从我们嘴中说出的话语是我们内心的表达，而对方又不是我们肚子里的蛔虫，无法知道我们话语中所要表达的正确思想。但是面对别人的误解，我们需要控制自己的逆反情绪和攻击欲望，适当忍让，之后再去解释，用简单易懂的语言来阐述自己的思想，这样才会消解对方的怨气，这就需要我们用足够的自律来控制自己的言行。

韩岩是一家汽车维修公司的领导，但是公司效益一直都不怎么好，这让他很是苦恼。为了找到答案，这天他决定悄悄地跟着自己的员工小郑，看看他究竟是如何与客户沟通的。

小郑从公司出来，来到了一家咖啡馆，一位意向客户正在那儿等他。与那位客户见面后，小郑说："王先生，贵厂的情况我已经分析过了，我发现你们自己维修花的钱比雇用我们干还要多，是这样吗？那么，您为什么不找我们呢？"

王先生点了点头，说："对，确实是这样，我也认为我们自己干不太划算。不过，我承认你们的服务不错，但你们毕竟缺乏电子方面的……"

听到这里，小郑打断了他的话，急忙说道："王先生，请您允许我解释一下。我想说，任何人都不是天才，修理汽车需要特殊的设备和材料，比如真空泵、钻孔机、曲轴……"

王先生没有生气，心平气和地说："你说得有道理。但是，你误解了我的意思，我想说的是……"

"我知道，我明白您的意思。"还没等王先生说完，小郑又一次打断了他，"可是，就算您的部下绝顶聪明，也不能在没有专用设备的条件下干出有水平的活来……"

看到小郑三番五次地打断自己，王先生不免有些生气了，冷冰冰地说："你能让我把话说完吗？你还没有弄清我的意思，现在我们负责维修的伙计是……"

"王先生，你想说什么我都知道！"小郑没有发现对方的不满，只顾自己说道，"现在，王先生，请您给我一分钟，我只说一句话，如果您认为……"

终于，王先生忍无可忍了，他站起来狠狠地拍了下桌子，吼道："行了！别说了！你现在可以走了，以后你也不要联系我了。"

躲在不远处的韩岩看到这一切，不由得满脸通红。回到公司，韩岩狠狠地批评了小郑一顿，并亲自拜访了王先生，他主动向王先生赔不是，认真听取王先生的建议，尽可能消除了王先生的误解，让双方的合作得以继续进行。

三番五次打断对方的述说正是小郑失败的关键原因。他无法控制自己的言行，才会导致一次次的失败。其实，在任何时候，我们都要学会忍让，这是每个人在任何岗位都应掌握的，因为退让可以消除误解，可以让我们站在对方的角度去思考，说出让对方能够坦然接受的话语，只有这样，双方才能相互理解，展现出交流沟通中最美好的一面。

往前一步是尽头，退后一步是人生。适当的时候，学会退让就是成功。说话也是如此，当你希望把自己的思想传达给别人的时候，就应该学会忍让，做事说话都要留有余地。只有管好自己的嘴，才能让自己少犯错误。

张谦和王雪青梅竹马，在学生时代，两个人都很好强，当时张谦的眼中只有学业和爱情，并没有感受到多大的压力。王雪发火的时候，张谦总是习惯性地温柔劝解，忍让着王雪。

张谦和王雪大学毕业之后就结婚了，从大学到工作，他们都完成了人生的转变，有了自己的家庭，两个人感觉自己肩上的担子又重了。

王雪每天都会有不愉快，每天都会为了一些鸡毛蒜皮的小事和张谦争吵。张谦初入职场，工作的压力铺天盖地地压到了他的身上，加之王雪每天发牢骚，张谦实在不能忍受了。

人的忍耐都是有限度的，工作的压力让张谦无处发泄，以至于对待王雪也没有了往日的温柔细语，取而代之的是无情的反驳。

几个月后，他们之间的矛盾更加激化，两个人谁都不愿让步，最终选择了离婚。

生活中，人们每天都要背负众多压力，谁都想回到家中卸下一天的疲惫，如果连这点要求都满足不了，只会让爱情支离破碎。其实在其他方面也一样，在遇到口角之争时，我们不妨变得自律一些，管好自己的嘴，让自己退让一步，也许事情就会有转机。

表达简明精要，杜绝长篇大论

从一个个交际失败的事例中，我们最能体会出的就是"言多必失"。好的语言并不在于多么精美，打动人心就好。但是很多人往往管不住自己的嘴，常常是长篇大论，想说什么说什么，最后给自己带来无尽的麻烦，所以我们需要自律来控制自己这张嘴。

某著名艺术家的妻子是一位作家，也是一位企业家。有一次，别人问她会不会再嫁，她爽朗地回答说："我已经嫁给大海，就不能再嫁给小河了。"这句话非常简洁明快，但是意蕴之深刻绝对让人回味万千。

高尔基曾说："简洁的语言中有着最伟大的哲理。"在当前这个信息时代，人们的生活节奏加快了很多，不再喜欢那些繁杂冗长的空话及套话。因此，我们说话要尽可能简洁明快、思路清晰。不过，也不要因词语贫乏而表达得词不达意、思维模糊、语无伦次。所以，我们在说话时应要求自己长话短说，要"过滤"出最精辟的语言，恰如其分地表达出自己的意思，能省略的语言就坚决省掉。

1863年11月19日，美国总统林肯应邀到一个仪式上演讲。不过，因为这次仪式的主讲人是艾弗雷特，林肯只是因为自己是总统才被邀请的，所以他被排在艾弗雷特之后"随便讲几句适当的话"。艾弗雷特是个著名的政治家，也是一个很有学问的教授，而且是当时被公认为全美最会演说的人，尤其擅长纪念仪式上的演讲。因此，在这个典礼上，他那长达两个小时的演讲打动了到场的每一位来宾。

那么，在这样一种情况下，林肯该怎样讲才能和观众建立良好的互动关系，最终赢得大家的掌声呢？于是，林肯决定以简洁合理取胜。结果林肯大获成功，他的演讲只有短短的10句话，从上台到走下台来不过两分钟，掌声却整整持续了10分钟。

林肯的这场演讲不仅赢得了每一名听众的热情，而且轰动了整个美国，当时的报纸评论说："这篇短小精悍的演说是无价之宝，感情深厚、思想集中、措辞精练，字字句句都很朴实、优雅，行文完全无疵，完全出乎人们的意料。"

艾弗雷特也在第二天写信给林肯，他在信中说道："我用了两个小时才接触到了你所诠释的那个思想，而你仅仅用了两分钟就说得清清楚楚。"后来，林肯这篇出色的演讲词被铸成金文存入牛津大学图书馆。林肯的这次演讲获得巨大的成功，给了人们一个重要启示：简洁明快的语言会使我们说的话更有魅力。

在人际交往中，要想得到不错的效果，我们的语言必须简洁明快，要能使每一个倾听者在较短的时间里收获较多而有用的信息。历史上曾记载了一些"前无古人，之后未必有来者"的冗长的演讲记录，但是这些演讲绝对不能称为优秀。

1933 年，美国一位名叫爱尔德尔的国会参议员在反对通过"私刑拷打黑人的案件归联邦法院审判"的法案之时，在参议院里整整演讲了 5 天。根据一位记者统计，他在演讲台总共踱了 75 公里，吃了 300 个夹肉面包，做了大约 1 万个手势，还喝了大概 40 公斤饮料。

1957 年，斯特罗姆·瑟蒙德在阻止"民权法案"通过时发表的演讲整整历时 24 小时 18 分，结果还是以失败告终。

1812 年，英美战争期间，一个美国议员希望用马拉松式的演讲来阻止美国国会通过对英宣战的决议。于是，这位议员一直说个不停。时至半夜，听众席上早已鼾声四起，最后一个议员气急之下将一个痰盂甩到演讲者的头上，这场演讲才结束，而国会最终通过了宣战决议。

"言不在多，达意则灵。"字字珠玑、简练有力能够让人有谈兴；而拖拖拉拉、语句唠叨、不得要领，肯定会令人生厌。世界历史上，不少演讲大师都惜语如金、言简意赅，因此留下了许多"善辩者寡言"的典型。

例如，最短的总统就职演说——1793 年华盛顿总统的就职演说仅仅用 135 个字便说完了一切，最后举世闻名；恩格斯在马克思墓前的演说总共只有 1260 个字；列宁在马克思、恩格斯纪念碑揭幕典礼上的讲话也只有 552 个字；1984 年 7 月 17 日，已经快 40 岁的法国新总理洛朗·法比尤斯发表了短得出奇的演说，演讲词只有两句："新政府的任务是国家现代化，团结法国人民。为此要求大家保持平静和表现出决心。谢谢大家。"措辞委婉利落，内容精辟有深度，绝对是至极典范的演讲。

简洁明快的语言能够大大提升人的认识能力和思维能力，也是这两项表现的高超载体。因此，话语的简洁经常体现出说话人分析问题的快捷和深刻；简洁明快的语言体现出的是果敢决断的性格。作为自信心强且办事果敢的人，他们说话时都干脆果断，从不拖泥带水。

说话简洁往往会给他人一种很有激情的现代人的感觉。所以，简洁明快的话语也是时代风貌的一种反映。简洁的话语不占用听者太多时间，而且使听者觉得对方说话者很尊重自己。

对于我们每个人来讲，一言一行看起来简单，却也需要管理好自己，不能过于放纵自己的言行，这就需要我们用自律来约束自己。

—— 第八章 ——
情绪自律：稳定的情绪是最好的教养

> 情绪是可以管理的。通过对自身情绪的认识、协调、引导和控制，可以充分挖掘我们的情智，培养驾驭情绪的能力，从而确保我们拥有良好的状态。良好的情绪是成功的一大因素，它能让我们在困境中保持坚忍、勇敢，它也终将把我们引上成功之巅，让我们成为卓有成就的人。

🔋 稳定的情绪需要自我约束

米开朗琪罗曾说："被约束的才是美的。"对于情绪来说也是如此。一个人的情绪如果不能得到有效的调控，遇到喜事时就喜极而泣，遇到悲伤的事情时就一蹶不振，那么人就有可能成为情绪的奴隶，成为情绪的牺牲品。相反，如果能征服自己的情绪，就能征服一切。

当然，情绪有很多种，如希望、信心、乐观、悲哀、愤怒、失望、忌妒、仇恨等，其具体的体现就是我们的心情。

可以试想一下，如果你一会儿心情忧郁，情绪一落千丈；一会儿怒火中烧，你的朋友们就会对你敬而远之；一会儿又情绪高昂、手舞足蹈，谁也不愿意与这样情绪不定的人交往合作。而且，情绪不稳定的人对于自己确立的目标也常常不能坚持到底，做事容易情绪化、朝三暮四，高兴了就做，不高兴了就扔在一边，丝毫没有计划性和韧性，这样的人能成功吗？

因此，一个人成功的最大障碍不是来自外界，而是来自自身。除了力所不能及的事情做不好之外，自身能做的事不做或做不好就是自身的问题，是自制力的问题。只有成功地控制了自己的情绪，才能够走向成功。

然而，想要控制情绪不是一件容易的事情。它需要长时间的调整与改变。例如，在日常生活中，我们难免遇到愤怒和悲伤的事情，这个时候，要做的不是自暴自弃、忧伤难过、愤怒发火，而是要学会用理智和自制来控制情绪。一定要学会自我调节，千万不能任由负面情绪蔓延。

例如，当我们内心焦躁的时候，要试着理智地分析原因、恢复自信，让自己振奋起来。

当我们感到抑郁的时候，不要把自己封闭起来，要试着通过交谈、运动、听音乐、看书等方式来缓解内心的压抑，让自己慢慢得到解脱。

当我们忌妒的时候，让自己变得宽容一点，试着去发现别人身上的优点，学会欣赏和给予真诚的赞美，不要把时间和精力用在议论别人上。

当我们疲惫的时候，去散散步、唱首歌，消除一下心中的烦恼，清理一下烦乱的情绪，唤起自己对美好生活的憧憬，体会和生命拥抱的幸福。

人是一种情绪动物，只要与人打交道就自然会各种负面情绪滋生，但假如任由恶劣情绪控制自己，人生将变得失控。被愤怒控制，会让我们因冲动铸成大错；被烦躁控制，会让我们坐立不安、一事无成；被忧伤控制，会让我们日渐消沉，看不到生活的希望。

总之，驾驭好自己的情绪、增强自控能力是取得成功的一个重要因素，也是获得成功人生的重要法则之一。

🎩 切勿仅凭一时的好恶行事

与人交往时，关键在于控制自己的感情，保持头脑冷静、自律自省，做到喜怒不形于色，这样人们就无法从言语、行为甚至面部表情中窥探到我们内心的真实想法。

如果遇到问题就感情用事，发怒、生气，不仅于事无补，反倒会让你的处境越来越糟。想办法去解决摆在面前的问题，克制一时的冲动，谨言慎行，学会冷静地思考、理性地判断，才能让你清醒的去面对问题。

然而，有些人根本没法控制自己的感情，他们一遇到不愉快的事情就怒气冲天，或者一听到高兴的事情就笑逐颜开。如果他们能经常关心别人，反思自我、自律自警，那么一切都会变得更好。这种人可能更习惯让理智控制自己的心情，而不是像大多数人那样让心情控制了理智。

所以，能够理性思考的人才是真正明智的人，而感情用事则是犯错误的开始。

下面是一则关于巴顿将军的故事。

巴顿是一个军事天才、传奇人物，然而两次冲动的"打耳光"事件让他辛辛苦苦赢得的美名严重受损。

第一次发生在意大利，1943 年 8 月，炎热的午后，跟往常一样，巴顿来到西西里的撤退医院看望伤员。一个帐篷里住着 10 ~ 15 名伤员，他跟战士们聊着，前五六个都是打仗时挂了彩。巴顿问候了他们的伤势，对他们的英勇表现给予了赞扬，并祝他们早日康复。

接着，巴顿走到一个发高烧的伤员前，没说什么就过去了。下一个伤员蜷缩在地上，浑身发抖，巴顿问他怎么回事，他说"是神经问题"，然后就哭了起来。原来，这位伤员患上了名叫"弹震神经症"的战场疲劳症。

巴顿喊道："你说什么？"士兵答道："是我的神经问题，我再也受不了炮弹的声音了。"他还在哭。

巴顿大声喊道："你的神经问题？你是个懦夫！你这个胆小的兔崽子！"他给了士兵一记耳光，说，"闭上你的嘴，别他妈哭了。我不会让其他受伤的勇敢士兵坐在这儿看你这个胆小鬼哭鼻子！"说完，他踹了士兵一脚，士兵倒在地上，头盔衬垫都掉了下来。然后，他扭头对伤员接收官吼道："不要收留这个胆小鬼，他一点儿事都没有，我可不允许医院里都是些没胆儿打仗的兔崽子！"

然后，巴顿又转向那个士兵，士兵正在大家的注视下哆哆嗦嗦地挣扎着站起来，巴顿对他说："你给我滚回前线去，你可能会吃枪子儿、被打死，但你还是要去打仗。你要是不去，我就派人把你按到墙上，找行刑队把你毙了！"他又说，"说真的，我应该亲手把你毙了，你这个哭哭啼啼的懦夫！"边说边把手伸进枪套。走出帐篷时，他还一路上对伤员接收官喊道："把那个胆小鬼给我送到前线去！"

第二次与第一次的情况差不多。一个士兵向他诉苦说得了"弹震神经症"，他用手套扇了士兵一耳光，骂道："我不要那些勇敢的孩子们看到你娇生惯养！"

因为不擅自制、感情用事，结果巴顿的工作受到了影响，别人也不那么尊敬他了。

假如你发现自己被一种突然暴发的感情、疯狂或愤怒所控制，那就默默地在心底克制它，至少在你觉得这种情绪尚未消除之前不要讲话。尽可能地保持面色平和、神情自然，注意力集中，如此能帮助你养成处世冷静的习惯，那么你就会成为最终的胜利者。

如果你动不动就生气，那说明你自身还存在很多问题。你得找出这些问题解决它们，然后继续前进。

其实，别的人或事并不能使我们愤怒，我们之所以愤怒，是因为别人点燃了我们内心深处本来就有的愤怒。这个道理很简单，也很容易理解。这就像你切开一个柠檬然后拿起来挤，会挤出柠檬汁一样。如果你把一个心存愤怒的人"切开"，然后拿起来"挤"，挤出的肯定是愤怒。也就是说，如果我们心里本来就没有愤怒，是挤不出愤怒的。如果我们对自己足够负责，就会控制自己的情绪，就没有什么东西能影响我们了，就可以做到"不以物喜、不以己悲"。

🔔 从自身找原因，化生气为争气

哲学家说，生气就是用别人的错误惩罚自己。仔细想想，这句话真是人生的真谛。我们之所以会生气，大部分是因为别人对自己犯下了错误。而生气除了会让自己不愉快，又能改变什么呢？这难道不是在用别人的错误惩罚自己吗？因此，与其为别人的错误而生气，倒不如自己努力，给自己争口气实在。

道理很明白，但是很多人做不到。因为在遇到问题的时候，我们总是喜欢从别人身上找原因，为别人的不当言行而生气，却很少将问题归结于自身，找到自己的问题并督促自己进步，获得解决问题的能力。虽然父母师长时常叫我们要争气，不要生气，可是我们遇到挫折困苦的时候总是不能坚强忍耐，不懂得自己争气。

因此我们应该警醒，有跟别人生气的时间，真不如自己争口气。所谓争气，就是不因一时的失败而泄气，要能力图上进；不因一时的挫折而丧气，要能奋发图强；不因一时的贫苦而壮士气短，应该鼓舞精神，更加争气。当一个人受到挫折与委屈时，只有自己争气，将愿望转化为动力，将悲愤转化为力量，才能闯出自己的未来。

有一个年轻人经常因得不到领导的赏识而生气抱怨。一天，他去拜访恩师，并向其道出了自己的烦恼。恩师听后，领着这个年轻人到了海边，他弯腰捡起一块鹅卵石抛了出去，扔到了一堆鹅卵石里，并问道："你能把我刚才扔出去的鹅卵石捡回来吗？""我不能。"年轻人回答。"那如果我扔下一粒珍珠呢？"恩师再问，并颇有深意地望着年轻人。年轻人顿时恍然大悟：一味地生气抱怨只能是徒劳，唯有争气，凭借实力迅速脱颖而出，才是明智的做法。

如果你只是一块平常无奇的鹅卵石，就没有生气与抱怨的权利，因为你自身还没有被注意的闪光点。此时就需要争气，不断提升自身的实力，最终成为一粒耀眼的珍珠。到那时，你说话才能理直气壮、掷地有声，最终得到别人的认可与尊重。

要争气，就得先要有志气。立志向上、立志做人、立志争气。立志就是争气的原动力。要想自己不生气，就必须争气；要想争气，就得先立志。人有志气，又何患无成呢？

一个人想要有忍耐力，就要清楚地知道自己到底想要什么、到底渴望什么，这是开发忍耐力最重要的钥匙。没有明确的目标就像大海里的一片树叶，随波逐流，永远也到不了彼岸。

⬛ 遇事先冷静，及时为情绪"灭火"

受挫时要保持冷静，在冷静中镇定反省；成功时更需冷静，在冷静中寻找新的起点，创造更大的辉煌。冷静与思考并生，它使人深邃、催人成熟；冷静即力量，它使人充实、永葆青春。

一个人若不能控制自己的情绪，放任自己的负面心理，便很难获得成功。所以，在困难和坎坷面前，一定要做到心态上的自律，让自己始终保持冷静。

西方有这样一则寓言：一只狮子被猎人捉来后扔进笼子里。一只蚊子飞过这里，看到了在笼子里面不停地走来走去的狮子，便问："你这样走来走去有什么意义？"狮子回答说："我在找我能够逃出去的路。"可狮子怎么也逃不出去，于是它躺下来休息，不再去想逃走的办法。可是蚊子还是在火急火燎地询问它逃出去的办法。

狮子无精打采地说："我现在在休息，因为我找不到逃出去的办法，所以还是耐心地等待机会吧。"

当蚊子还想问时，狮子终于发火了："你总是这样问来问去的有什么意义？我始终都清楚自己在想什么、在干什么，因为我一直保持着清醒，实在逃不出去我也没有办法，我已经尽力了，不像你只会问来问去。"

虽然狮子最终没有逃过被杀死的命运，但是它始终保持清醒的头脑，这使它不会感到遗憾，因为该想的办法、该做的努力它都已经试过了。

其实，人也应该这样，始终保持清醒的头脑，只有这样，一生才能了无遗憾与牵挂。这有利于我们更好地完善自己，实现人生的意义。

有句话是这样说的："冷静质疑是理想的筋骨，保持冷静质疑的态度也是清醒的表现。人生中最大的痛苦就是糊涂一生，虽然有时会说糊涂也是一种幸福，但更多的则是懊悔与遗憾。"

冷静说起来容易，做起来却很难。我们太容易愤怒、太容易慌张，所以要想冷静就要有强大的自律精神。古今中外，因为不冷静而铸成大错的例子不胜枚举，著名的俄罗斯诗人普希金就是因为不够冷静，当听说自己的情人被他人纠缠时，冲动地找他的情敌比剑，结果白白断送了年轻的性命，成为世界文学史上一大损失。《三国演义》中的关羽也是由于不够冷静，不能对当时的战场情况做正确的分析，一味地蔑视敌人，结果兵败麦城，死于无名小卒之手。

人类有一个有趣的特征，那就是越到需要做出决定的紧迫时候，思想越容易混乱，有的人干脆思维没有反应了，这就是人们常说的"惊呆了""急蒙了""惊慌失措"等。正是因为这种惊呆和急蒙，很多不幸就发生了。这时，假如你能情绪稳定、头脑清醒，很多危险都是可以杜绝和化险为夷的。就像伟大的军师诸葛亮一样，司马懿率重兵于城前，他却能够保持冷静的头脑，上演一出"空城计"，令司马懿狐疑不敢前行，最后退去。这是何等的冷静和睿智。

因此，你要记住，越在危急的时候越需要冷静。假如你的生活中出现了重大变故，一定要保持镇静，因为惊慌是有传染性的，你会把这种坏情绪传染给身边的人，这样他们会更加惊慌，从而形成恶性循环，甚至造成很严重的后果。

有这样一个故事，青蛙王国的国王要为女儿选纳夫婿，要求组织一场攀爬比赛，第一个爬到塔顶的青蛙会得到貌美如花的青蛙公主。

因此，群蛙纷纷报名，场面甚是热闹。

这是一个非常高的铁塔，仰头都看不到顶端，仿佛直插云霄一样，看一眼就让人感觉头晕目眩，比赛还没开始，就有一些青蛙临时退出了比赛。

比赛开始了，围观的群蛙纷纷议论着，它们认为爬塔的难度太高，不可能成功。

这座铁塔的确很难爬，又陡又滑，一不小心就会丧命，再加上群蛙不停地议论，所以青蛙一只接一只地开始泄气退出了，仅有情绪高涨的几只还在往上爬。

群蛙继续喊着太难了，不可能爬上塔顶的，会丧命的，赶紧下来。

就这样，越来越多的青蛙泄气了，退出了比赛。

最后，其他青蛙都退出了比赛，仅有却还在越爬越高，一点没有放弃的意思。终于，它成为唯一到达塔顶的胜利者。

它哪来那么大的毅力爬完全程呢？难道它不知道爬塔很危险吗？难道它没听到塔下群蛙的议论吗？

大家议论纷纷，胜利者却置若罔闻。

这时大家才发现，这只抱得"美人"归的青蛙原来是个聋子。

故事中的聋子青蛙之所以能够坚持到最后，就是因为它没有被周围的恐慌气氛所影响，保持着冷静的态度，其实很多时候，我们所面临的处境并没有那么可怕，但是不冷静的流言放大了恐惧，使我们生活在恐慌之中，由此可见冷静是多么可贵的品质。

那么，当我们在生活中遇到难题时，该如何保持冷静、克服内心时常产生的烦恼情绪呢？下面提供几条比较实用的建议。

1.冷静防火墙一——"想法灭火"

你会心生不满，是因为你对身处的状况做出了不利于自己的评价。例如："他迟到那么久，根本就是不在乎我！"或者会认为："他是故意伤害我的感情！"这么一想，你当然怒不可遏，心情立刻愤愤不平。

在这个"动念发火"的当下，只要能多一分自我觉察的功力，在心中与自己做辩论："且慢，这个解释真是唯一正确的答案吗？"于是你心中便会产生其他的想法来做解释："也许他是不得已才迟到的！""恐怕是我错怪了他！"这样就能成功发挥第一道防火墙的灭火功能而不致失去理智。要建筑坚固有力的"防火墙"，你必须拥有良好的自觉意识，以及同理心和善于解读世界的能力。

2.冷静防火墙二——"冲动灭火"

万一第一道防火墙被突破，你没来得及拦截住心中负面的情绪，这时就会产生一些冲动的念头："我就要给你点儿颜色瞧瞧！""我豁出去了，不让你难受，我誓不罢休！"多年演讲和听众互动的经验告诉我们，即使再温柔和善的情商高手也会有不理性的冲动念头——"我真想打人！"

这个蠢蠢欲动的当下，如果"灭火"得当，就能避免悲剧的产生。怎么做呢？建议你跟自己的内心对话："再等一下就好。"然后开始进行"数数法"，在心里默数："1，4，7，10，13……"以此活络大脑的理性中枢，而理性的想法也会跟着出现："等等，这么做并不能真正解决问题。"因此能悬崖勒马，不致冲动行事。

人总是太容易生气。遇到不如意的人和事，心中便会生出怨恨而气恼，因为气恼，我们的人生就会变得怨气冲天、毫无乐趣。所以，在面对责难和不幸时，能够保持冷静是成功者的美德。

3.冷静防火墙三——"行动灭火"

万一前两道防火墙都失效了，你发觉自己开始恶言恶语，或动手动脚起来，这时虽然你已经开始非理性的行动，但只要不放弃，你仍然是能够冷静的。例如，一旦意识到自己的言行失态，就要考虑到自己的格调（这实在不像我！）以及对方所受的身心创伤（天哪，他会被我打伤！），就能立即停止动作，避免造成更进一步的伤害，这样就能逐渐冷静下来。

抓狂是需要冲破 3 道防火墙的，只要你做好情绪的"消防检查"，了解哪一道防火墙仍待加强，多加练习后，就能为激情灭火，平心静气而冷静自在，获得幸福与快乐的人生。

▌ 想要控制情绪，需学会忍耐

古罗马有一句谚语："忍耐是为了学习，火才是为了燃烧。"它告诫人们这样一个道理：冲动是魔鬼，它就像火一样能够将我们活活烧死。所以，一定要学会忍耐，如果通过忍耐能化解不该发生的冲突，这样的忍耐永远是值得的，并且是最正确的。

确实，有时候，人不得不学会忍耐，因为"小不忍则乱大谋"，一时冲动可能给自己带来终生的遗憾，就好像一个人脑子一热而扣动扳机就会夺去另一个人的生命一样。如果你想和对方一样发怒，就应想想这种爆发会带来什么样的后果。如果发怒必定损害你的利益，那么就应该约束自己、控制自己，无论这种自制是多么困难。

汉初，名臣张良在外求学时曾遇到过一件事。

有一天，张良走在一座桥上，看到一个老人穿着粗布衣服在那里坐着，见张良过来，他故意将鞋子扔到桥下，冲着张良喊："小子，下去给我把鞋捡上来！"

张良听了一愣，本想发怒，但看到对方是个老人，就强忍着怒气到桥下把鞋子捡了上来，老人说："给我把鞋穿上。"

张良想，既然已经捡了鞋，就好事做到底吧，就跪下来给老人穿鞋。

老人穿上后笑着离去了，但他一会儿又返回来对张良说："孺子可教也。"于是约张良再见面。这个老人后来给张良传授了《太公兵法》，造就了张良最终成为一代良臣。

老人考察张良，就是看他有没有遇辱能忍的自我克制的修养，有了这种修养，以后才能处理复杂的人际关系和艰巨的任务，才能遇事冷静，知道祸福之所在，不意气用事。我们在平时要注意这种修养，克制、忍耐，处理好遇到的人和事。

要知道，世界不是掌握在嘲笑者手中，而是掌握在那些遭到别人嘲笑、怀疑却依然能在困境中不断前进的人手中。记住，你蹲下、跪下，是为了能跳得更高。这就像一个运动员，只有当他蹲下或跪下时，做好起跑或起跳的充分准备，才能更好地将全身的力量爆发出来，跑得更快，跳得更高。为此，你必须学会忍耐、忍耐、再忍耐。

当然，忍耐不是盲目地容忍，不是无原则地放纵，不是一味地宽容，不是有朝一日的暴发，也并非忍气吞声，更非卑躬屈膝，而是一种策略，是为了学习，是为了保存自己，是为了将来跳得更高，同时也是对自己的磨炼。能忍人所不能忍，才能为人所不能为。

真正的忍耐是人格上的独特魅力，甚至是一种人格上的升华，真正的忍耐是没有动机可循的，能够忍耐的人仅仅是因为怀有一颗包容之心。

如果能真正做到忍耐，就是一种真正的修养。当然，要做到这一点并不是一件容易的事情，它需要修身、养性、修知、养气，要求我们在待人接物的时候有一颗平常心。

在非洲的戈壁滩上有种小花叫作依米，这种花需要忍耐6年的漫长岁月才能开一次花，而花期却只有两天。两天过后，这种花便迅速枯萎了。

由于气候干旱、土地贫瘠，这种小花只有一条根吸收水分，在6年的时间里，炎炎烈日烧灼它，漫天风沙肆虐它，但它毫不气馁，依然默默地等待、默默地生长，它知道，总有一天，根须扎到一定程度，自己就会绽放绚丽的花朵。依米花用生命的轨迹向我们昭示，只有忍耐才能美丽，只有忍耐才终有成就。

柏拉图说："稍忍须臾是压制恼怒的最好办法。"一个能伸能屈的人，不会因为一时的激愤而忘记了忍耐，因为那样只会让自己更加被动。

为了消除仇恨，宽容和忍让无疑是制止报复的良方。如果经常戴上这个"护身符"，就可保你一生平安。因为善于宽容忍让的人不会被世上不平之事所摆弄，即使受到他人的伤害，也绝不冤冤相报，而是会时时提醒自己："邪恶到我为止。"

宽容大度，能使伤害你的人感到无地自容，使他的灵魂受到震撼，同时又能防止你打我回的恶性循环，更为难得的是宽容大度还带来了心理上的平静，能为你赢得宝贵的时间，把精力投入更重要的事业中去。

而忍让，就是让时间、让事实来证明自己的一种方法。归根到底，退步的忍让是一种变相的争取，因为只有这样才能够摆脱人与人之间没有原则的纠缠和没有必要的争吵。

当然，忍让并不意味着懦弱可欺，相反，有忍让之心的人往往更具备自信和坚韧的品格。古人所说的"忍"字，至少包括了两个方面的德行：其一是坚韧、顽强。晋朝朱伺说："两敌相对，唯当忍之；彼不能忍，我能忍，是以胜耳。"这里的忍，也就是顽强精神的一种体现。其二是懂得克制自己。《荀子·儒效》中说："志忍私，然后能公；行忍情性，然后能修。"被称为"亘古男儿"的宋代爱国诗人陆游是一个"上马击狂胡，下马草战书"的英雄人物，同样也写下过"忍常须作座右铭"。这样的忍耐，不正凝聚着他们顽强、坚忍的可贵品格吗？有谁能够说他们懦弱可欺呢？

其实，控制一切不良情绪的根本还是在于个人，以至人们所感受的压力、抱怨、焦虑，都是由心而生的一种感觉。如果一个人能认识到这一点，或许他就会真正地控制自己。相反，如果一个人不能控制自己，那他永远是情绪的奴隶。

诚然，控制自己冲动的情绪并不是一件容易的事情，因为我们每个人心中永远存在着理智与情感的斗争。谁都有自己的自尊，谁也不愿意容忍别人对自我的侵犯。但是，如果你不想永远被别人踩在头上，就必须忍耐一时。

所以，控制冲动的简单技巧是：按理智判断行事，克服追求一时满足的本能愿望。一个真正具有控制冲动能力的人，即使在情绪非常激动时也是能够做到这一点的。

人的内心都有被人注目、受人重视、被人容纳的愿望，为了充分利用人类内心深处的欲望，就要用善意的、亲切的、温和的态度与人交往。只要与人为善，就会自然而然地处理好人与人的关系。因此，一个人想要成功，就必须成为一个态度温和、和蔼可亲、理智冷静而又意志坚定的人。

🎩 克制浮躁，对成功多些耐心

自制力的另一个方面是耐心。要想成功，就必须有等待的耐心。毕竟刚付出努力就能立刻出结果的美事太少了，期望和得到之间往往隔着漫长的距离。

在这个飞速发展的社会，许多人追求的是快速回报。多数人是看着电视、吃着快餐长大的，他们用信用卡购物，喜欢超前消费，根本没有自制力和自我约束力去等待姗姗来迟的成功回报。他们处心积虑地想找出一条一举成功的捷径，但这样的可能性太小了，他们往往缺乏耐心、急于求成，结果陷入了失败的陷阱。

三只小猪的选择和任务是一样的：给自己建房，建一个能长久居住的地方。决定用稻草盖房的小猪最容易找到材料，因此房子也最先盖起来。选择用木头盖房的小猪花了更长的时间，费了更多的劲：盖房之前，还要先砍木头。选择用砖盖房的小猪最麻烦：它要造砖窑、点火、烧砖，它盖房子用的时间最长，但房子也最结实。

一次偶然事故，让它们住到了砖房子里。大灰狼吹几口气就把稻草房和木头房子吹倒了，然而现在，它可没办法了，三只小猪在砖房里感觉很安全。

那两只小猪之所以失去了房子，是因为它们不够耐心，而控制耐心与急躁的能力就是自制力。

然而，那只盖砖房的小猪跟大灰狼就是在比耐力，它坐在火炉边拨着火，很冷静，也很自制。它知道，自己不能急躁，要是不能有效地控制自己就会毁灭。而大灰狼由于推不倒砖房而沮丧万分，终于失去了耐心。为了最后拼一把，它从烟囱里跳了下去，却掉进了盛满沸水的大缸里，死了。

这个寓言的主题是耐心。它告诉我们，先见之明、耐心和自制力也许不能让大灰狼不来窥探你，但有了它们，当大灰狼出现时，你就能更好地保护自己。那个盖砖房的小猪有耐心、能自律，它不仅是在盖一座房子，同时还是在磨炼自己的自制力。它为赢得最后的决战做好了准备，结果狼不但没有吃到小猪，反被小猪吃了。

就像盖砖房一样，想一蹴而就是行不通的。快速致富就像盖稻草房，盖得快，毁得也快。真正的成功——得到生命中对自己最重要的东西是需要时间的。因此，我们需放眼看看前方，给自己充足的准备时间，用你的意志力、耐心和先见之明来缔造成功，打下坚固的基础。

有研究发现，要想一夜成名，必须先苦干15年。然而，人们总是在奇迹发生前便停止努力。当你回首往事时，是否有这样的感慨：如果当初没有放弃，再多坚持一下该多好！你是否曾这样责备自己："要是我当初多一点自制力，不就挺过去了吗？"你是否会因为当初缺乏耐心而后悔？如果你再坚持一下，是不是就实现了梦想？

真正的成功是需要时间的，不是一夜之间就能万事大吉的，你得像爬楼梯那样一步一步来，不可能像乘电梯一样瞬间直升。成功的路上没有"电梯"，我们只能一步一步走。在人生的旅途中，耐心最为关键，它是治愈浮躁的法宝，是实现成功的心灵妙药。

── 下篇 ──
『 成功源自格局 』

有格局方能成大事。格局是一种胸怀、一种能力、一种修为、一种内涵。无论是哪个行业，有格局意识的人一般都是团队的核心人物，能够影响甚至决定团队的未来。培养格局意识，拥有超凡格局，是卓越领导者必须具备的能力。

—— 第一章 ——
视野格局：一切从全局出发

> 良好的格局意识是一个人发展进步的成事之基、立命之本。作为领导者，一定要从事业出发，从组织的利益出发，也就是一切要从全局出发。只有这样，才能真正发挥好"班长"的作用，才能带领众人团结协作、共创大业。

♦ 眼光长远，才能走得更远

如今，社会已经进入超竞争的时代，任何一家企业或产品若想获得成功，都离不开企业的领导力，这也是为什么薪资高达数百万美元的企业领导者已经并不鲜见的原因。那么，什么才是卓越的领导力呢？其实，卓越的领导力最重要的就是要有格局意识，要有高瞻远瞩的眼光。

那么，格局意识主要指的是什么呢？

格局意识指的是一个人要拥有看得长远，不计眼前得失，从而得到最长远、最广、最多的利益的思想。可以说，一个领导者要有格局观，必须先看得远一些，想得全面一些。眼光的高度，决定了一个人的领导力能达到的高度。

所以，想要成为优秀的领导人，首先就要培养自己卓尔不群的眼光，这对自己的发展有着举足轻重的作用。一旦具备了超越常人的眼光，就能先于别人发现现实中所蕴藏的机会，尽可能地规避现实中遇到的风险，带领自己的团队一步步走向成功。

1975年，一个羞涩的男生向世界名校哈佛大学递交了自己的退学申请，因为他想去做一件他认为比学习更重要的事情。20多岁的时候，大多数人都在校园里学习，对他们来说学习才是更重要的事，更何况哈佛这个世界著名的高等院校，拥有一张哈佛的毕业证书，无疑就相当于给自己的人生上了一份保险，而选择退学，在很多人看来简直是一个疯狂的举动。

那么他认为的这件更重要的事是什么呢？

他想建立一家属于自己的电脑公司。

他的这一行为引起了很多人的不解，即使想创业，大学毕业后再做，岂不是更好吗？他的母亲还专门请来当地一位靠自己白手起家的成功者给他做思想工作。但他不想再屈从父母的意见了，便充满激情地辩解说，个人电脑时代已经到来，现在正是他大展宏图的好机会。在听完这个热血青年对未来蓝图一番激动而又绘声绘色的描绘后，这位成功者被打动了。他心里开始相信，这将是个有一番作为的青年。

于是成功者由衷地说："任何一个对电子学略有所知的人，都应该明白这确实存在，并且新纪元确已开始。"听了这话，男生更是下定决心。他退学后，整天把自己关在小屋里，专心致志地做着自己的研究。经过几周的潜心努力，他终于取得了重要成果。他的研究成果一经问世，就引来全世界的关注。在他的引领下，计算机科技登上了一个新的历史高峰。不久，他就创建了自己的IT帝国。

说到这里，恐怕大家都知道了吧？他就是比尔·盖茨先生。

其实，任何一种产业，在一开始都只是一种很偶然的现象，当有人发现了这个机会后，它才逐渐成为一种行业，进而成为一种产业。而其他一些人则是跟随者，另外大部分人便成了其消费者。

不是没有机会，只不过是你看不见机会。优秀的领导者一般都是看得比较远的人，面对时代的发展趋势，在机会一闪即逝之间，他们就能发现其中所蕴藏的契机，从而获取每一次商机，成为时代的弄潮儿、竞争中的胜者。而平庸的领导者则恰恰相反，他们中的大部分只能成为这些优秀领导者的追随者。

休斯先生少年的时候对新闻行业很感兴趣，从明尼苏达大学新闻系毕业后，他就一直在一家报社做记者。他在这家报社干得很不错，很多人都这样想，如果他继续干下去的话，不定不久就能在新闻界小有成就。但是，突然有一天，他辞职了，并宣布要做一名发明家。

当时正是美国电力工业迅速发展的时期，休斯决定要在电器业上搞发明，以此来创业。

发明对于专家们来说都不是一件说做就能做的事，更别提对电器知识了解并不多的休斯了。所以，亲朋好友都苦口婆心地劝他赶紧放弃，但他不为所动，他从电器的基础知识开始学起，很快就掌握了电器领域中的精髓知识。

休斯到朋友家去做客，朋友打算炒几个好菜来招待他。菜是用煤油炉炒的，朋友在炒菜的时候，不小心把一滴煤油掉进了菜里，结果菜的味道特别难闻。

突然，休斯的灵感来了。他想，做饭是家庭主妇最基本的一项工作，如果他能发明出一种用电的炉子，不是又省事、又能避免煤油炉的缺点吗？有了方向后，他马上开始潜心研究"通电"的炉子。

他反复试验，不知失败了多少次，也不知被"电老虎"伤过多少次。经过了差不多四年的时间，他终于研制出了世界上第一个电炉。电炉本身的优点，再加上休斯的大力宣传，电炉迅速地走进了美国的千家万户。

古往今来，尽管存在没有预见而获得成功的领导者的事例，但这种事例大都有其偶然、特殊的原因与条件，虽然可以一时得志，但往往不能持久。在绝大多数情况下，"不预则废"才是必然。没有一定的预见能力，一般都难逃厄运。

一个领导人如果缺乏格局意识，看得不够远，凡事不懂得或不愿意做一些估计、判断，这就好比"盲人骑瞎马，夜半临深池"，即使大难临头他也浑然不知。

当然，没有人天生就能看得很远，所有看得远的领导者都是通过不断的自我修炼而实现的。只有勇于面对自己的弱点，勇敢地打破舒适的现状，才能成为一个具有长远目光的领导者。反之，只是躲在自己的舒适区内，抗拒改变，就只能是一个平庸的管理者，最后终将被竞争所淘汰。

关于如何培养自己长远的眼光，以下几个方法值得借鉴。

1. 善于学习

领导者一定要通过不断的学习来提升自我、充实自己，提高自己的预判能力。现在很多企业的领导层都陷入了"中年危机"，主要原因就是他们不像年轻的时候那么爱学习了。

2. 自律

领导者一定要有严格的纪律性，懂得自我约束，自律能让人一直保持对工作严谨、负责的态度，也能让人有较高的职业道德素养，在诱惑面前把握好自己。

3. 自我平衡

企业领导人应当是一个注重生活平衡的人，他们在努力工作带领公司走向更高层次的同时，也应时刻注意自己的婚姻、家庭、精神上的和谐与平衡，让自己以最完美的面貌去实现自身和企业的最大价值。

当然，没有人能在一瞬间就培养出自己卓越的眼光，企业的领导者只有通过日复一日的刻苦修炼，才能成为一个行业的引领者。

■ 人生如棋，走一步看三步为智

随着时代的进步，科技的发展，人与人之间的关系、事与事之间的联系也变得越来越复杂。若想将各种关系、各种问题处理得清清楚楚，就一定要看得更长远、考虑得更全面。以前，早起的鸟儿有虫吃，人们只需要努力工作就可以得到一个好前程，但是现在不同了，社会竞争日益激烈，企业的领导者比普通人承担着更多的责任，不仅要做早起的"鸟儿"，还要做到走一步看三步。

章成和刘春同在公司销售部做销售助理。刚进公司的时候，两个年轻人工作都很努力，能力也差不多，但是之后的发展让两人的差距越来越大。

一天，章成正急着埋头于对一大堆客户资料进行分类，前台打来电话，说他预约的一个客户按时来到了公司，正在找他，他这才想起这宗早已预约好的签单业务。他满怀歉意地请客户来到洽谈室，却发现应该复印的文件和资料，以及产品的说明书都还没有准备好，不禁大惊失色，连声道歉，匆忙跑去复印。等一切准备就绪后，章成发现客户已经等得不耐烦了。可当他向客户介绍产品的性能时，又出现了问题，原来他在慌乱中把产品说明书给复印错了。这次客户没有再等待，直接转身离开了。

送上门的单子就这样被自己给弄丢了，章成别提有多沮丧了。经理了解情况后，并没有批评他，只是对他说："明天刘春也有一个签单业务，你好好看看他是怎样做的吧。"

第二天，刘春按照预约的时间，笑容可掬地站在洽谈室门前等待客户的到来。客户没有迟到，但对刘春的等待多少还是有些意外。可以看得出来，这种尊重的态度让客户很满意。章成想起昨天自己对客户的态度，脸不由得红了起来。只见刘春不慌不忙地打开文件夹，里面的产品资料、使用说明及文本合同一应俱全，他有条不紊地向客户介绍产品的情况，把近期公司优惠活动详细地告诉了客户，并且站在客户的角度提出了一些非常有益的建议。

最后，刘春对客户说："听说贵公司最近又要在北京开设一家分公司，我想，贵公司在短期内可能还要引进我们公司的设备，如果您愿意的话，可以在这次订货中一起购置所需设备。这样，不仅可以因订货数量多而享受更多的优惠，还可以省去一些不必要的装运费用，您看怎么样？"客户显然动心了，马上给总公司的负责人打了电话，当得到肯定的答案后，将最初要订的100万美元的货物增加到了200万美元。

章成在一旁看得目瞪口呆，他本来对刘春每个月拿到的工资比自己多有点不服气，现在终于知道自己和对方的差距有多大了。

同样是具有工作热情的两个人，工作的结果却截然不同，原因就在于章成没有"迈出一步时，看看三步外"。当他开始一天的工作时，他就应该先认真地想想今天工作的主要内容是什么，然后合理地分配时间。

简言之，一个人一定要看得长远一点，没有必要把精力花在那些意义不大的事情上。事实上，很多人并不是对工作没有激情，也不是说没有责任心，而是他们没有格局意识，没有做到"走一步，看三步"。结果，因为事先没有计划或准备，一旦事情稍微出现一点意外，就很可能失败。

刘邦起兵后，萧何一直在后方负责粮草供给，从来没有让刘邦失望过。萧何每到一处，就立刻派人去收集法令制度、图书文献，而不是像其他将官那样忙着抢掠财物。

刘邦之所以能知道天下各地的要塞布局、人口的多少、形势强弱的地方、人民痛苦的事情，就是因为萧何获得了秦朝的全部地图、书籍等资料的缘故。

刘邦入关后，迅速地实施了一系列极有远见的政治措施，废除了苛酷的秦法，跟百姓约法三章：杀人者，死；伤人者，抵罪；盗，抵罪。官吏都依原来位阶，全不迁动。百姓听了约法三章后大喜，争先持牛羊酒食献给刘邦的军士。

但是刘邦没有接受，说："你们得到这些食物也不容易，我们怎么能接受呢？"百姓们听后更为喜悦。这些安民措施为刘邦迅速争得了民心，对于他日后经营关中，并以此为根据地与项羽争雄天下，奠定了良好的政治基础。

故事中刘邦的做法堪称绝妙。正是他这种高瞻远瞩的战略眼光，为他后来奠定基业起到了重要作用。

记得有位企业家曾经说过:"你有走一步看到三步的本领,那么你就能成为一名优秀的领导者,可以管理一个部门或者一家小公司;如果你能走一步而看到十步后的结果,那么你就能成为一名优秀职业经理人,可以管理一家大型企业。"

古人云:"凡事预则立,不预则废。"做任何事情,只要你比别人能多看到一步而那么取得胜利的把握就会更大。因此,做任何事情,我们都要既面对现实,又想到将来;既重视眼前利益,又关注长远发展。正所谓未雨绸缪才能防患于未然。

◉ 忽视蝇头小利,看淡眼前得失

有句话说得很好:"有所失才会有所得,有所弃才能有所取。"无论在工作还是生活中,我们都不要太在乎眼前的得失,因为太重视眼前的得失,往往最后会失去更多。作为领导者,在得失方面,一定要看淡一些,一切从全局出发。只有做到不注重眼前的得失,最后才能得到真正属于自己的东西。

有一个青年去一个成功者家里请教成功之道。

成功者从冰箱里拿出了半个西瓜。他用刀把这半个西瓜切成了大小不等的三块。

成功者对青年说:"如果每块西瓜都代表不同的利益的话,你选择哪一块?"

"当然是最大的那一块啦!"青年毫不犹豫地回答。

成功者笑着说:"好吧,那你拿吧!"

青年就拿起最大的那一块吃了起来,而成功者拿起了最小那一块。

很快成功者就吃完了,他又拿起了书桌上的另一块西瓜,还在青年的眼前晃了晃,然后大口地吃了起来。

青年马上就明白了,虽然自己选择了最大的那一块西瓜,但是到了最后吃得最多的才是成功者。如果这代表利益的话，自然是成功者得到的利益多了。

我们常常觉得眼前这个是最大和最好的，但当我们花时间和精力把事情做完后，才发现还有更好的。如果我们用同样的时间和精力去做更多的事情，虽然一下子可能没有那么多的利益，但是最后能得到更多的利益。

有个领导最近很烦恼，因为他手下有两个员工都很优秀，他不知道该提拔谁。

领导的朋友就对他说："谁不太注重个人得失，你就提拔谁。"

于是，领导就把其中一个员工叫到办公室，对他说："小杨啊，你跟小赵都很优秀，我想从你们中间选择一个担任部门经理，你觉得谁最合适啊！"

小杨说："领导，你让小赵当吧！他能力比我强，工作比我辛苦，他一定能胜任的。"

领导又叫小赵进来，问了他跟小杨一样的问题。小赵说："啊！领导，我比小杨能力强。他做事老是偷懒，一定胜任不了经理这个职位的，你就让我当吧。"

就这样，领导提拔了小杨。

人生无处不选择，当我们选择眼前的利益时，就可能会失去长远的利益。一个企业要想有发展，领导者必须有战略眼光，舍弃眼前的蝇头小利，才能得到长远的大利。

2008年爆发了全球性的金融危机，东南沿海很多服装加工厂都笼罩在一片阴霾中，外贸订单骤减和原材料价格上涨导致很多厂家的利润大幅度下降。

在这样的情况下，有些厂家果断选择了关门大吉，但是有些厂家不断地去接一些并不怎么赚钱的，甚至是亏本的订单。为什么他们要这样做？

原因只有一个，他们关注的是长远的利益。

假设你现在是一家服装厂的领导，你们工厂主要以生产 T 恤为主，每件 T 恤的成本是 15 元。如果每件批发出去的价格是 20 元的话，那么每件就可以赚 5 元。如果每件 T 恤厂家都按照 15 块钱批发出去的话，那么不赔也不赚，收支相抵。

此时，利润虽然为零，但服装加工厂仍可以继续生产经营。然而，一旦过了销售旺季，人们对 T 恤的需求就下降了，只能以每件 12 元才能批发出去。也就是说，每售出一件 T 恤，就要赔 3 元。这个时候是亏本的，试问还要继续吗？如果你不想转行的话，那么仍然要继续。要知道，即使你不生产，每个月仍然需要为你的工厂支出厂房租金，以及机器折旧费等费用。这些费用累积起来可是一笔很大的资金，绝对不是你每售出一件衣服赔本几块钱能够相比的。更重要的是，市场是不断变化的，只要你能挺过去，那么将来就有很多机会转亏为盈。

为了更多的利益，就得果断地舍弃眼前利益，经营一家企业就是如此。因此，领导者一定要从全局出发，如果只想着眼前利益，那么很可能走到最后连本来已经得到的利益也将失去的境地。

总而言之，企业领导在制定经营决策的时候，一定要综合考虑各方面的因素，而不要被一时的利益蒙蔽了双眼。

🔋 为顾全大局，敢于牺牲个人利益

个人利益与企业利益之间难免存在着你多我少或者你少我多的选择，从某一个时间点上看，个人利益和企业利益可能是相冲突的，但从长远来看，个人利益和企业利益绝对是统一的。如果一个员工能把目光放得长远一点，甘愿为了企业的利益放弃个人利益，让企业发展得更快，那明天他获取的就不是这一点了，而是现在的许多倍。

所以，身为领导者，我们要努力做到这一点：当遇到只有牺牲个人利益才能保全企业利益的时候，就要果断地放弃个人利益去成全大局。这样做看似为了企业，但从长远来看，也是为了个人。

小张所在的公司最近要举行品牌服装推广活动。为了证明自己的能力，也为了在业内崭露头角，他和两个同事牺牲了好几个周末的时间来搞策划。

最后，通过一次次筛选，他们快要把一个项目拿到手的时候，领导把小张叫到了办公室，一脸慎重地对他说："小张，你把你手上的这个活让给小李吧，他跟客户是老朋友了，把项目揽到手的把握比你更大。"

领导也请求他能理解，为公司做点牺牲。

小张被"让还是不让"弄得左右为难。回到家后，他就对老婆说了这事。

老婆对他说："公司是你奋斗的平台……所以，凡事应以公司的需求为重。"

听了老婆的话后，小张似乎有所顿悟。

过了半个月，小张高兴地打电话给老婆，告诉她，他升职了。原来他听从了老婆的建议，把活让给了小李。经过公司上下的努力，这个项目终于拿到了手。

公司开庆功宴的时候，领导也没有忘记小张的功劳，而且对他的格局意识表示欣赏，夸他甘为公司的利益做出牺牲，是一位很有前途的员工，并当众宣布提升他为策划总监。

在公司里，我们每个人都可能遇到像小张这样的情况，这个时候，最该采取的办法就是从公司的利益出发，站在公司发展的角度上看问题、想办法、做决策。

值得注意的是，目前很多企业的领导者中有一种不好的倾向：片面强调本部门的利益，把局部看得比全局还重，进而直接影响到企业的整体利益。这个世界上似乎没有鱼与熊掌可兼得的事情，要得到这个，就需要放弃那个。公司的利益就好比一个西瓜，自己的利益就好比一粒芝麻，你要想尝到那可口的西瓜，那么就需要心怀格局，果断放弃那一粒芝麻。

有人也许会问：如何才能做到心怀格局，成为公司里不可缺少的人才呢？对于此，需要做到以下两方面。

第一，要有吃亏的胸怀。吃亏，顾名思义，就是利益的损失。在生活和工作中，得到和失去相伴而行。有时候失去一些东西，如个人的暂时利益，却能得到朋友的信任和尊重，这就是最大的得。然而，实际生活中，有些人常常认为："人不为己天诛地灭。"的确，这些人在一定的时间里会取得一些利益，但是注定不会长久，因为他们过于自私，做事只为自己，不为他人着想，时间长了自然就成了众矢之的。

第二，要有主人翁意识。无论你所在公司的规模是大是小，实力是强是弱，都应该摆正心态：我是公司的一员，我所做的一切都要维护公司的利益。只有这样，你才能和公司站在同一个角度去观察分析问题、迎接竞争对手的挑战，进而证明自己的能力。

有一个年轻人刚进公司的时候，这家公司规模还很小，甚至面临倒闭的威胁。公司的职员陆陆续续地离开了，但是他始终坚持着。

有一天，领导来到公司，看到只有他一个人。

领导问他："他们都走了，你怎么不走。"

年轻人看了看领导，一脸诧异："走？您还在，我还在，公司还在，我为什么要走。"

接着，年轻人坚定地对领导说："我相信您一定能闯过难关的。"

这位领导大为感动，亦深受鼓舞，于是从朋友那里借了一笔钱，找了一位先进的产品设计师，开发研制出了新的产品。领导和这位年轻人一起开发客户，很快公司就走出了危机，慢慢地发展壮大起来。

领导很感谢这位年轻人，便把他提升为公司总经理。公司上市后，领导把公司一半的股份给了他。

这个故事告诉我们，当公司有难的时候，要与公司同舟共济。也许，选择离开我们会暂时过得更好，但那样一来，肯定不会有一番作为，因为我们没有主人翁意识，没有格局意识。

事实上，只有把自己当成公司的主人，对公司的存在和发展有认同感，才会从全局出发，不局限于自己的"一亩三分地"，看问题才会更加全面，做事情才会更加周到，并最终为公司发挥出自己最大的价值。

📖 着眼于将来，不忘努力于当下

一个人要想在未来取得一番惊人的成就，就需要有长远的眼光。那么是不是看得远就一定能走得远呢？答案无疑是否定的。因为走得远不仅需要你看得远，还需要你有走得远的本事。

做领导也是如此。我们想在事业上有所建树，于是在很早以前就给自己定下了一个目标，但要想实现这个目标，就需要我们努力把上级交代的任务全部做好。这样做是为长远的目标做好铺垫，打好基础。也就是说，只有将长远的目标和当下的努力相结合，才有机会成为自己期望中的角色，才能在机会来临时，有能力把握住。

辛西亚是一家规模不小的高科技企业研发部的小组长，他的工作能力没有什么可以挑剔的。他觉得自己早晚会坐上部门主管的位置，所以，工作之外，他阅读了大量关于如何建设团队、管理团队的书籍。除此之外，他还经常找机会与他认为成功的团队领导者沟通，听取他们的成功经验。

辛西亚有一位名叫汤姆的同事，他也是一位成绩斐然的工程师，担任研发部另一个项目的小组长。汤姆认为自己的技术比辛西亚强一些，所以他觉得一定可以先得到晋升。但是，半年之后，他们的主管被调走，辛西亚被任命为主管，而汤姆仍然担任之前的小组长。他想破脑袋也想不通，为什么晋升的不是他，而是那个在他看来样样都不如自己的辛西亚。

汤姆越想越气愤，于是他找到了之前的上司，质问他为什么不让自己来顶替主管的位置。

"汤姆，我承认你是一位优秀的工程师，但是你还不是一位合格的领导。你带的那个小组的成员经常发生一些矛盾，虽然你们也按要求顺利地完成了任务，但是你确实可以做得更好。"上司打算继续说下去，但是汤姆马上打断了他的话，"好了，我不想听这些，我就想知道为什么你觉得辛西亚就合适？"汤姆质问道。

"辛西亚确实比你合适，虽然他的技术能力比你差一些，但是每次都能提前完成任务，而你们却只能按时完成任务。更重要的是，他在还没有成为主管的时候，就已经学习了如何管理团队的知识。"上司缓了口气，继续说道，"汤姆，这些都是你不如他的地方。"

一名优秀的领导者，要有卓尔不群的眼光，有善于发现机会的能力，但是，如果没有做好准备的话，即使机会来了，你也抓不住。机遇诚可贵，眼光价更高，而比眼光更值钱的就是要做好当下。连当下都不珍惜的人，即使看出买哪张彩票能中500万元，却拿不出几块钱来买彩票，又怎么能中大奖呢？

闻名世界的麦当劳快餐创始人兼总裁雷·克罗克是一个很有战略眼光的人，他善于在商海中寻找机遇，麦当劳的崛起就得益于他独到的眼光。

有一次，雷·克罗克接到一份订单，上面写着要求订购14台制奶机。拿到这份订单后他喜出望外，觉得这是一笔大买卖，于是决定和客户见上一面。殊不知，这次见面不仅使美国产生了一个新兴的快餐业，也改变了雷·克罗克后半生的命运。

原来，这位客户正是如今早已家喻户晓的麦当劳兄弟。当时，麦当劳兄弟正在合伙经营着名为"麦当劳"的快餐馆，餐馆的规模不大，品种也不丰富，主要是汉堡和炸薯条。

出于好奇心理，雷·克罗克品尝了麦当劳餐馆的食品，没想到一下子就被吸引了。当然，吸引他的不只是食品的美味可口，更主要的是麦当劳兄弟独特的经营方式。因为雷·克罗克发现，麦当劳兄弟采用的是流水线生产汉堡包和搭售炸薯条的营销方式。他们在制作和销售过程中，采用的是标准化牛肉小馅饼、标准化配菜系列，不仅如此，他们还采用红外线灯照射以保持炸薯条的清脆可口。由于食品口感好、分量足，并且很快捷，"麦当劳"的食品很受当地居民的喜爱。

此外，有一个巨大的拱形"M"字招牌也吸引了雷·克罗克的注意。在当时，所有的麦当劳餐馆中都有这样一块牌子，名字也都叫作"麦当劳"，显然，这已经有了联合销售、联合经营的发展趋向。

尽管麦当劳有很多可圈可点的地方，但雷·克罗克经过周密考察，还是发现其经营思路并不是完美的。在他看来，麦当劳兄弟有个致命的弱点，那就是思想比较保守，而且过于满足现状，因此，他们对于进一步开发拓展业务和发展分店似乎兴趣不大。

但是，雷·克罗克没有放弃，多年的推销员生活和对饮食业发展趋势的了解告诉他，麦当劳餐馆的这种生产和销售模式非常重要，只是需要改进。因此，他并不急于签订出售制奶机的合同，而是留在加州连续考察了一周。

这7天中，雷·克罗克一刻都没有闲着，他马不停蹄地四处打听，不断地观察，结果又有了新的发现。当时，他告诉自己：人生的转折时机就要来临了。

就在1960年，雷·克罗克甩出了令人惊异的大手笔，出资340万美元买下了麦当劳兄弟的全部资产和经营权。这在美国的经商史上，算得上开创了一个新的奇迹。

后来，雷·克罗克跟人们解释说："当我遇到麦当劳兄弟时，已有多年准备了。以我多年在饮食业中推销的经验，我有足够的能力去判断机会是否真正来临。"

雷·克罗克的成功得益于他当初睿智的眼光。同样道理，作为领导者，一定要有格局意识，遥望将来的同时，一定不要忽视了现在。因为看到的将来，正是当下所努力的结果。如果当下不努力，我们期待中的美好的将来自然也就不会存在。

🎩 大局面前，任何细节都不容忽视

我们说，不要为小事忙碌，要集中力量做最重要的事情；又说要找到问题的关键所在，把劲用在关键处。那么是不是工作中的小事情、小细节能往后面拖就往后拖，能忽视就忽视了呢？答案无疑是否定的，对于任何能影响全局的事情以及细节我们都不能忽视。

李新和陈军是同时被某家工厂招聘来的市场开发部职员。他们两人是人力资源部主管从众多应聘者中挑选出来的佼佼者，其中，李新的学历和工作经验都比陈军更胜一筹。

刚开始的时候，市场开发部经理对李新比较看好，认为他一定会比陈军表现得更优秀，并且认为他将会成为公司里的精英。也就是从那个时候开始，市场开发部经理就注意上了李新，并且已经打算要重用和提拔李新。而事实上呢？李新让他非常失望，反而陈军表现得更优秀。

原来，这家工厂的规模非常大，它有着一个不成文的规定，那就是无论新进的职员怎样优秀和突出，都必须从最基础的岗位做起。其实，公司这么做有两个目的：一是让新进的职员能够全面地了解公司的情况，从而为以后顺利地开展工作打下坚实的基础；二是磨砺新进员工浮躁的心。

可是，李新并不了解这些。一向自负的他认为只要进了这家大型公司就能得到重用，没想到却被安排去做一些像是勤杂工做的事。李新失望极了，他觉得所做的这些工作根本就是浪费他的才能，于是他不仅抱怨连天，还将这些工作束之高阁。

陈军也面临着同样的境遇，但他选择了任劳任怨，选择了执行。在面对这些琐碎事情时，他总是踏踏实实地去做。最终结果是，试用期结束后，李新被辞退了，而陈军则被安排到重要的部门，委以重任。

在工作中，如果某件事影响你的职业规划，那么即使是再小的细节也容不得忽视。陈军之所以胜出，正是因为他比李军更能沉下心，埋头于琐碎的小事情中去。毋庸置疑，只有像陈军这样的人，才更容易成为企业的顶梁柱，才更能为企业的发展做出自己的贡献。

我们知道，当今是一个细节决定成败的时代。不管是普通员工，还是领导者，如果对影响全局的细节没引起足够重视的话，那么其自身与企业的生存和发展都将受到不利影响。

刘华是某超市的经理。有一天，上司打电话嘱咐道："小刘啊！中午的时候会有记者来我们超市，并且可能专门采访你，你一定要好好地接待，别乱说话。这次采访很可能关系到今年省里先进企业的评比。"

刘华说："领导放心吧，我一定把你交代的事情办好。"

上司继续说道："今天务必让所有的员工都认真点，要拿出百分百的热情。"

"我知道了。"刘华虽然答应得很好，但并没有把此事放在心上，也没有对员工们叮嘱一下，因为他觉得超市员工的整体素质都比较高，平时工作的时候也很少犯错。

很快就到了中午，他认为记者可能马上就要到了，就没有出去吃饭，可是等了几个小时，还是没有等到。他想记者今天可能不会来了，于是就去超市下面的美食城吃东西去了。美食城的人非常多，非常吵闹，他叫了一碗肉丝面，坐在一张桌子前等着。

就在这个时候，超市里发生了这么一件事情。有个刚买过东西的顾客回到了超市，对收银员说："刚才你们找给我的这张 50 块钱的人民币是假钱。"

收银员当然不肯认账，谁知道这个顾客是不是故意拿一张假钱过来找事？就这样，两个人吵了起来。顾客大声嚷着要找超市经理，收银员也知道这样影响不好，就叫同事去办公室找经理，可是没找到。然后他们又给经理打电话，电话是打通了，但是由于美食城太喧闹了，刘华根本听不清对方要说什么。员工就给他发短信，刘华看到短信后，马上就赶回了超市，这个时候，收银台那里已经围着四五十个在看热闹的人了。

刘华很快就把这件事情给解决了，但是刚才超市里发生的那一幕却被有心的记者们看见了，还被拍摄了下来。

后来领导听说记者没来，也没怎么放在心上，可是到了年底评比省里先进企业的时候，他们却榜上无名。后来发现网上还有人疯传那段视频，很多人在该视频下面留言说，他们超市的服务非常差。不管超市的服务质量是真差还是假差，反正看过或者听过这件事情的人都不怎么爱去他们超市买东西了。后来，超市的业绩不断下降，领导一气之下把刘华给辞退了。

其实，超市里发生的那个"假币"事件是一件再小不过的事情，如果当时刘华在超市，肯定会及时地处理。话说回来，刘华之所以会有这样的职场悲剧，还是他缺乏格局意识，对记者来采访这件事情不够重视。殊不知，大局面前，任何细节都容不得忽视，谁忽视了，谁就可能出局。

—— 第二章 ——
统筹格局：宏观把控，科学规划

> 对于领导者而言，统筹兼顾不仅是一种工作方法，更体现为一种能力和素质。它深刻地反映了领导者的格局观念、宏观把握的能力和高瞻远瞩的眼光。只有领导者做到统筹兼顾，才能科学筹划、协调发展。

🔥 建立科学合理的规章制度

不少领导者都曾抱怨员工不好管，自己的决策很难执行下去，不是这里出现问题就是那里出现问题。其实，究其原因，主要还是因为没有科学合理的规章制度。举例来说，人们之所以要工作，是因为可以获得利益。如果企业的员工拼命地工作，却没有得到应得的报酬，那么员工就会失去积极性。要想避免此类情况出现，就需要有一套合情合理的规章制度。可以说，建立合情合理的制度是维持企业稳定发展的关键。

有团队的地方必须有制度，而且制度必须合理，否则团队就很难发展壮大。一个缺少制度和规范的公司就如同一个缺乏法制的国家，早晚会陷入混乱不堪的境地。

然而，现实中还有很多企业在制度及其相关管理上做得很不到位，甚至漠视、轻视规章制度的制定，认为其可有可无，或者可执行可不执行。实际上，这不仅是企业管理水平低下的表现，更是管理者管理意识淡薄、管理能力低下的表现。

张良最近很苦恼，因为上个月他公司的大部分技术骨干纷纷辞职不干了，这让公司一下子陷入了困境。他很纳闷，这些骨干都是为公司立下过汗马功劳的，甚至有不少人从公司注册的那一天就开始跟着自己一起创业了。他们究竟为什么辞职呢？

带着诸多疑问，张良开始私下打听这些骨干辞职的原因。结果却出人意料，张良发现，他们既非为外界高额利益所诱惑而跳槽到其他企业另谋高就，也没有另起炉灶与自己分庭抗礼。

此时，张良更疑惑了。后来，他找了一位作为公司骨干的好朋友，与其深入交谈才知道，原来是自己的奖罚制度出了问题，没有做到赏罚分明。刚创业的时候，条件艰苦，困难重重，大家齐心协力，一起奋斗，谁都没觉得有什么不公平。后来产品研制成功，经营有了起色，能赚多少就拿多少报酬，也没人心生怨言。等到公司真正发展壮大后，问题就出现了。因为有些技术骨干为了公司的核心项目不分白天黑夜地努力工作，攻克了一道又一道技术难关，为企业的技术创新、产品开发付出了巨大的心血，但得到的报酬却与普通员工差别不大。

这是公司没有统一、合理的考核标准，无章可循、无法可依所导致的。在这种局面下，很多技术骨干觉得自己的付出与收入不符，认为自己没有享受到努力推动企业快速发展带来的成果。长此以往，他们便觉得越来越不平衡，最后选择了一起离开。

制度不合理，下属们的利益就无法协调，也就无法发挥出他们的工作积极性，下属甚至会故意跟领导唱反调。由此说来，企业的领导者一定要给企业建立一套合理的制度。

对于这一点，万科集团创始人王石很赞同，他曾经说过这样一句话："我们从不培养接班人。万科培养的是团队，建设的是制度。如果接班人不能胜任的话，但有制度做保障，纠错换人还是很容易的。"由此可见，合理的规章制度非常重要。企业要想规范管理、高效运作，就必须制定既完善又可持续优化的管理制度，这样企业才能够持续发展。

制定出科学合理的规章制度，其实就是一种格局观念。那么，如何才能制定出科学合理的规章制度呢？

第一，要合适。不能看到别的公司那一套制度很不错，就直接拿来用，这样很可能造成管理上的不和谐。很多中国企业都在学习外国一些优秀企业的制度，也有不少企业直接使用他们的制度，但总会出现各种各样的问题。其实，主要原因就是不合适，之所以这样，是因为人家的那套制度是建立在自己公司文化基础之上的，你没有那样的企业文化，是很难做到和谐管理的。

第二，要合理。制度合理，主要体现在让公司里的所有人甚至包括公司的客户都觉得比较公平。也就是说，在制定制度的时候，要考虑到公司、社会、客户等诸多方面的利益要求，尽量做到平衡，尽量不要让公司各部门和层级之间因为利益而产生矛盾。在很多企业中，一线技术人员和后勤支持人员之间的矛盾很深，特别是在薪酬和职业发展道路方面，主要原因就是一线技术人员往往认为公司的制度不合理，他们付出的太多，但得到的利益太少；而后勤支持人员却认为他们和一线技术人员之间在薪酬等方面的差距太大，很不公平。

第三，要合法。公司制定的制度必须符合国家的法律法规，这是最基本的要求。特别是一些财务规定和人力资源方面的管理，不能单纯从公司利益出发，还要考虑到社会要求和员工的利益，否则最终吃亏的还是公司自身。

第四，领导们在制定制度的时候，一定要以公司的章程为要求，以公司的利益为最高要求，而绝不能仅仅以部门甚至个人利益为出发点。

第五，制定的制度不能与公司的其他制度相冲突，不能出现制度之间相互矛盾和对立的情况，否则不利于执行。

第六，制度贵在精，不在多。有些公司制度不少，却没有起到正向作用，甚至起到了反作用。毫无疑问，这样的规章制度定得再多也没有用。而那些规章制度较少的公司，管理起来反而容易些。所以说，为了企业能获得很好的发展，为了自己的团队能不断壮大，也为了自己的利益能不断增加，一套科学合理的规章制度是必不可少的。

♟ 合理安排人事，做到人尽其用

中国象棋中一共有七种棋子："将""士""象""车""马""炮"和"卒"。

"将"是棋中的首脑，是对方矛头指向，它能上能下、能左能右，就是不能出九宫之门；"士"是"将"的贴身保卫者，它只能在"九宫"之内沿着斜线前进或后退一格，不能平移；"象"走田字，它的主要作用是防守，保护自己的"将"；"车"是威力最大的棋子，只要无棋子阻拦，它就能横冲直撞，故有"一车十子寒"之说；"马"走日字，因为它能到达四面八方的八个点，故有"八面威风"之说；"炮"是中国象棋中很独特的一个棋子，它的特点是直线隔子吃子；"卒"则是永不后退的棋子。

下象棋的精髓之一在于合理运用这些棋子不同的特点和走法，或进攻或防守，从而取得棋战的胜利。合理地安排人事，也是一个想培养自己格局意识的领导者的必修功课。作为一位领导者，你可以不懂技术，但是必须懂得如何用人，只有把每一个员工调到最适合他们的位置，领导的决策才能很好地执行下去，这样团队才能拥有强大的战斗力，企业才能发展壮大。

对于企业领导者来说，既然你在众多的求职者中招聘了对方，那么他们就不可能是个一无是处的人。如果他们在公司里没有发挥出真正的作用，那么一定是领导者没有让他们发挥出自身的能力。

汉高祖刘邦非常善于用人，他用人只求独当一面而不要求文武齐备，他深知人无完人，因为他本人就有很多缺点。他所用的人大多也是如此，几乎所有人都有一技之长，而像英布和彭越这样在品德上有些小缺点的人，他仍然敢用。刘邦比任何人都更清楚，这些人只要联合起来，就无往不胜，可以为自己夺得整个天下。

关于这一点，我们从《三国演义》中也能得到一些启示，刘备在请到诸葛亮之前，虽然拥有关羽、张飞、赵云等一流的战将，但并无立足之地。

究其原因，主要是"关、张、赵，皆万人敌，惜无善用之人"。

接下来，我们看一个现代企业中类似的故事。

张喜是深圳一家公司的销售主管，由于经常去香港的一家上市公司谈业务，因而认识了在这家公司工作的张宏。张宏是学计算机的，脑子非常灵活，人又聪明。他当时是软件工程师，负责软件开发。不过，在他们部门里，张宏只是一名很普通的技术员，由于搞技术的需要耐住性子，而他偏偏又不是那种性格，所以他的领导很不喜欢他，以致他工作得一点都不愉快。

后来，张喜和张宏交流了几次，发现他对市场很敏感，并且能提出一些独特的看法。有一次，张喜在他们公司谈完业务后，想起自己部门非常需要销售人员，突然想到了张宏，觉得他非常适合，就去问他是否愿意到他们公司去上班。张宏有些惊讶地看着张喜说："我从来没做过销售，你看我行吗？"

张喜鼓励他说："我看可以。"

事实证明，张喜没看错，张宏确实不负众望，工作非常投入，和客户关系很融洽，没多久就将西北一个省的系统集成项目搞定，自己的工资和奖金都提高了许多。后来张喜被调回了总部，张宏凭着自己的努力在短短一年内就当上了主管。

因为慧眼识珠，也因为做到了合理安排，张喜为自己的团队，也为公司争取到了一名销售精英。而最终的结果也表明，张宏果然取得了令人刮目的良好成绩。

作为领导者，在安排人事方面切忌随随便便，一定要做到合理。一个能力再强的领导者如果不能把人才安排到合适的位置，并分给他们适合其自身条件的工作，那么就会导致他们本来所具备的才能在工作的时候发挥不出来，而又不具备工作中所需要的技能。

那么，作为领导者，又该如何做到合理安排人事呢？

首先，要公平、公正地看待员工。每个人思想境界不同、思维方式不同，所以很多人对人才的认识都有自己的一套观念，比如有一个领导者非常不喜欢性格活泼的人，那么他有可能就会给性格活泼的员工安排一些不适合他们的工作来刁难他们，这样对员工是很不公平的。

其次，要全面地看待员工。一个合格的领导者，绝不能因为下属不能胜任某项工作，就全盘否定其才能。只有全面地看待下属，发现他们身上的优点和缺点，才能把他们安排到真正合适的位子上去。

最后，员工的搭配要尽量做到互补，比如年龄互补、个性互补等。我们不能安排性格暴躁的人去做一件需要特别稳重的人才能完成的事情。

总之，一位合格的现代企业领导者必须合理地安排人事，做到人尽其才，这样才能充分发挥出员工在企业中的作用。

🎩 注重团队合作，打造员工的团队精神

在如今这个时代，团队精神已经越来越被企业看重。在工作中，那些习惯单打独斗的人已经越来越不受欢迎了。因为一家企业要想发展起来，并不是只靠一个人的力量，而是必须让企业里所有的人互相合作。一个人哪怕能力再强，阅历再丰富，也无法仅靠自己的力量让企业正常运转。因此，企业必须重视团队精神，可以说，团队精神是一个企业的灵魂，而要想一个企业具有团队精神，就需要企业的领导者以及管理者培养员工们互相合作的精神。

美国一家大公司要面向社会招聘3名高层管理人员，来参加面试的有上千人，只有9位应聘者进入了最后的复试。

复试由总裁亲自把关。他看了9个人的基本资料后，就把他们分成了甲、乙、丙三组，每组3人，并指定甲组调查妇女用品市场，乙组调查本市婴儿用品市场，丙组调查老年人用品市场。

总裁解释说:"我们招聘的人是用来开发市场的,所以,你们必须对市场有敏锐的观察力。现在让大家调查这些行业,就是想看看你们对这个新行业的适应能力。每一个小组的成员都必须全力以赴!我为你们每个人都准备了一份相关的行业资料,你们走的时候到我秘书那里去取。"

两天后,这9个人都把自己的市场分析报告给了老总。

总裁看完后,站起身来走向乙组的3个人,与之一一握手,并祝贺道:"恭喜三位,你们已经被本公司录取了。"

大家都很疑惑。总裁笑着说:"只要你们互相看看我给你们的资料,就明白了。"原来,每个人得到的资料都不一样。例如,甲组的3个人得到的分别是本市妇女用品市场过去、现在、将来的分析,其他两组的也类似。

总裁继续说:"乙组的3个人很聪明,他们互相借用了对方的资料,补全了自己的分析报告,既提高了工作效率,又体现了团队精神,而甲、丙两组的6个人却各干各的,没有团队意识。我出这样一个题目,主要就是考察一下你们是不是具有团队精神,因为一个既有能力又有团队精神的员工才是企业需要的员工。"

没有团队精神的企业不可能成功,没有团队意识的员工也不可能受到企业的欢迎。作为企业的领导者,要比任何人都明白个人能力永远无法超越团队力量这个道理。

我们知道,随着企业规模的日益庞大,企业内部的分工也越来越细,这就更加说明了一个人的力量不可能对企业的全局产生重大影响。但是,如果企业里的每一个人都拥有团队精神,那么这样的力量是惊人的。

团队精神其实就是一种格局意识。如果领导缺乏这种意识,就会造成团队内部的不稳定,而自己则会失去很多发展的机会。

美国 GE(通用电气公司)连续多年被美国《财富》杂志评为"美国最受推崇的公司"。这个"美国最受推崇的公司"需要的员工应是什么样的呢?GE(中国)公司人力资源总监在接受记者采访时说:"我们需要那些在某一些方面有天赋的员工,但我们更需要的是员工们的团队精神。"

微软中国研发中心总经理也曾经说过："如果一个人是天才，但其团队精神比较差，这样的人我们不会要。中国 IT 业有很多年轻聪明的天才，但团队精神不够，所以每个简单的程序都能编得很好，但编大型程序就不行了。美国微软开发 Windows XP 系统时有 500 名工程师奋斗了两年，有5000 万行编码。微软需要协调不同类型、不同性格的人员共同奋斗，缺乏领军型人才、缺乏合作精神是难以成功的。"

所以，作为企业的领导者，我们不仅要完成上级给自己布置的任务，而且还要想得更全面，并努力培养下属的团队精神。至于如何打造团队精神，领导者有必要注意以下几点：

第一，在团队内慎用惩罚。

没有人喜欢受到惩罚，即使他知道自己犯了错误。惩罚导致的行为是退缩的、消极的、被动的。惩罚是对员工的否定，一个经常被否定的员工是不会有多少工作热情的。

第二，建立有效的沟通机制。

在日常工作中要保持团队精神，沟通是一个重要环节，比较畅通的沟通渠道、频繁的信息交流，不仅可以增加团队成员之间的感情，还可以使目标顺利实现。

第三，逐渐形成团队自己的行为习惯及行事规范。

要做到这一点，首先需要领导者自己做好表率。只有领导自己做出了榜样，才能真正建立起威信，从而保证管理中团队、指挥的有效性。员工也会自觉地按照企业的行为规范要求自己，形成团队良好的风气和氛围。

总之，没有团队精神的企业是不可能做到统筹兼顾的。

▇ 有效协调员工关系，避免组织内耗

很多招聘启事上都会注明"要求具备很强的团队协调能力"。即使是招聘一个普通的员工，这一点也不可或缺，而作为企业的领导者，团队协调

能力就更需重视了。

但在现实中我们发现，并不是所有的领导都懂得怎样来协调自己的团队，不少领导者会冲着员工们喊出响亮的口号："我们一定要加强团队合作，要讲奉献，要上下拧成一股绳，我们的工作则无往而不胜！"

这样的口号在一定程度上会唤起下属的士气，但往往三分钟热度过后，口号的效力就会减弱甚至消失，各部门仍为了自己的利益各自为战。结果，虽然看起来各部门都能完成任务，为部门赚了一些钱，但是由于没有考虑全局，从整体来看，企业其实是亏本了。

据统计，管理失败的主要原因之一就是领导者和同事、下级的关系处不好。一个成功的领导者必须协调好各部门以及下属之间的关系，如果做不到这一点，那么他肯定无法顺利地开展工作。

大名鼎鼎的乾隆皇帝是一位很善于处理下属之间关系的高手，他的身边有两大红人，一个是和珅，一个是刘墉。乾隆经常让这两个人闹小矛盾，互相"踢咬"，防止两人联合起来对付自己。如果两人矛盾闹大了，他还会以"和事佬"的身份出现，化解他们之间的矛盾。

相传，有一天乾隆在和珅及刘墉的陪同下游山玩水。乾隆随口问了一句："什么高，什么低，什么东，什么西？"

这么简单的问题，自然难不了饱有学识的刘墉，他随口即应："君子高，臣子低，文在东来武在西！"

和珅也是一个很有才学的人，他见刘墉答在自己前面，十分不快，随即相讥："天最高，地最低，河（和）在东来流（刘）在西！"当时的皇家礼仪中，上首为东，下首为西，此话暗示：你刘墉再有能耐，还是在我和珅的下面。

刘墉当然知道对方是在嘲讽他，便暗自寻找机会回击和珅。

当三人来到桥上时，乾隆要他们各自以水为题，拆一个字，说一句俗话，做成一首诗。

刘墉反应非常快，张口即来："有水念溪，无水也念奚，单奚落鸟变为鸡。得食的狐狸欢如虎，落坡的凤凰不如鸡。"

和珅一听，知道刘墉是在骂他是鸡！岂能饶过他，说道："有水念湘，无水还念相，雨落相上便为霜，各人自扫门前雪，休管他人瓦上霜！"

乾隆知道两人又在较劲，便一手拉一人，对着湖水中映出的三个人影说道："二位爱卿听着，朕也对上一首：有水念清，无水也念青，爱卿共协力，心中便有清。不看僧面看佛面，不看朕情看水情。"

二人一听，便知道自己不能太过了，需要收敛一些，立刻拜谢乾隆，当即握手言和了。

领导者除了能合理地安排人事之外，最重要的工作就是要协调好各部门以及下属之间的关系。因为只有解决掉各部门以及下属之间的矛盾，才能减少内耗，共同推动工作的开展。

作为领导者，凡事都要以全局为重、以事业为重，从维护团结的良好愿望出发，不斤斤计较。但是涉及大是大非的问题，一定要坚持原则，坚持真理。与此同时，还要讲究表达方式，避免言辞激烈、情绪激动，伤了和气。

为此，我们建议领导者们，要想处理好自己与大家的关系，就必须有宽阔的胸襟和宽厚的气度。不要担心解决了对方的矛盾，人家顺利完成了工作，就会超过自己，甚至夺走自己的位置。领导者应该做的是，向他人学习，不断地完善自己。

当下属之间发生矛盾的时候，领导者一定要尽快地化解。如果下属公说公有理、婆说婆有理，而对于自己来说，手心是肉，手背也是肉，这时候，就需要懂得公平对待，平衡双方的关系。因为只有这样，矛盾才会在无形中得以化解，而这也是一个领导应有的智慧。

如果工作中出现失误和差错，领导者要及时指出，跟大家一起想办法采取措施加以补救。别人犯了错，不能看人家的笑话，更不能落井下石，这样不仅对解决问题不利，而且会加深双方之间的矛盾。

当领导者自己在工作中出现错误的时候，也要勇敢地承担责任，不能往别人身上推。只有有功不居、有过不诿，才能与各部门以及下属之间的关系更加密切、融洽，工作起来才能更齐心。

这里需要提醒的是，虽说保持良好的工作氛围很有必要，但是领导者也不能跟大家过从甚密，应把握分寸。否则，就有可能影响到自己的威信，使组织原则与纪律大打折扣。

■ 为员工提供良好的工作氛围

很多企业领导者苦恼于做事不能统筹兼顾，不是这里出现问题，就是那里出现问题。其实，这很大程度上是企业没有一个好的工作氛围，才导致员工们做事没有激情，并且容易犯错。现在的社会正在飞速发展，一个员工倘若进步太慢，就会被淘汰；一家企业倘若进步太慢，就会倒闭。

作为一名领导者，要想自己不被淘汰，必须提高自己的能力；作为企业要想不倒闭，就要增强员工整体的实力。所以，无论从领导者自身，还是从企业来看，提升自己及员工的能力都是必要的选择。而要做到这一点，必须让大家拥有好的工作氛围。为什么很多地方有大学城，就是因为学生们需要有一个良好的学习氛围；为什么北京做 IT 的企业大多在中关村附近，除了这里各种资源丰富之外，另外一个重要的原因就是这里的工作氛围非常好。

张怡然是一家策划公司的领导者，他本人非常有才华，自经营以来可以说是一帆风顺，没有遇到多大的问题。但是，随着信息时代的到来，他渐渐感觉到公司的一些策划模式已经远远落后于其他一些新企业。他不明白自己跟以前一样努力地工作，怎么会被这些新企业超过呢？

于是，他找了一位企业顾问进行咨询。

这个企业顾问在张怡然的公司以及附近转了一圈后，对他说道："你们公司应该换个地方。"

张怡然很疑惑，问道："为什么要换，我们在这边难道就不行吗？"

企业顾问对他说："你的员工工作是不是缺乏激情？你公司的人员是不是流动性很大？"

张怡然点点头。

企业顾说道："那就对了。之所以有这样的问题，原因在于你们公司的工作环境不好。公司外面就是熙熙攘攘的街道，嘈杂的声音充斥着你们的耳朵，而你们的工作却需要在一个安静的环境下进行。所以，员工们就很难在这种环境下保持最好的状态工作。你可以看看，你们竞争对手的工作环境是怎样的，你就知道为什么他们能超过你了。"

其实，张怡然早就思考过这个问题，但是由于公司离家近，上下班很方便，也就没有想过要搬离。听了企业顾问的话，他就去几家竞争对手的公司考察了一下，才发现人家的工作环境确实比自己的好。于是他果断地决定搬离这里。

他想了很久，最终决定把公司搬迁到了一个高科技文化园，这里大多是各种各样的公司，还有公共图书馆、食堂，附近的环境也非常不错。公司搬迁后，员工们的工作积极性确实提高了不少。

只是环境有所变化，便让工作的氛围和效率大大改善，使公司有了巨大的改变。我们必须承认，任何一个人多多少少会被环境所影响。在一个不好的环境下工作，人们会受到各种干扰，很难保持最好的工作状态。

所以，要想让自己的团队保持良好的"战斗"状态，领导者就必须为大家提供良好的工作环境和工作氛围。

松下幸之助一直以把企业打造得像家那样温馨为目标，所以，他经常到员工中间，亲切地与他们聊天，并且问候他们的家人。如果员工在工作或者生活上有困难，都可以直接去办公室找他。

一次，松下幸之助外出旅行，但没过多久就回来了。员工们都很纳闷，于是有个经理就去追问原因，松下幸之助略带失望地说："你们都不在，我一个人玩没什么意思。"接着，他安排了一次盛大的聚会，让所有的员工都一起参加。

在聚会上，他还叫工作人员摆了一个大玻璃箱——里面竟然有一只巨大的短吻鳄！员工们都惊呆了。

此时，松下幸之助微笑着说："这家伙应该很好玩吧？"

很多员工根本就没见过短吻鳄，何况还是这么大的。所以，当松下问他们的时候，他们都高叫着好玩，气氛非常热烈。松下幸之助接着说道："虽然我的旅行很短暂，但也是我最难忘的记忆！现在我把它买回来，是希望你们能与我共享快乐！"

松下的这番举动绝不是逢场作秀，类似的事情经常在公司里发生。因此，员工们都很喜欢他，并把公司当成自己的家一样，工作起来也就特别卖力了。

正是松下的这种做法使公司里的员工们获得了一个温馨快乐的工作环境，也正是这个环境成就了松下公司的辉煌。对于一个领导者来说，公司越是让员工感觉到家的温馨，营造出其乐融融的工作氛围，就越能吸引员工，进而提高整个团队的凝聚力和战斗力。

一个良好的工作氛围，成员之间会互相学习、互相尊重、互相信任，会在工作上"九牛爬坡，个个用力"。良好的工作氛围无疑也是一个具有凝聚力和战斗力的团队必备条件之一。中国有句古话叫"人心齐，泰山移"，只要大家心往一处想、劲往一处使，就会形成强大的发展合力，就能扫除前进道路上的一切障碍。

朱棣文是美国华裔物理学家，他有美国人外向大方的性格，又有中国人谦虚随和的优点。在获得诺贝尔物理学奖的那天上午，斯坦福大学为他举办了一场临时记者招待会。当记者希望他发表一下获奖感言时，朱棣文说："对于这次获奖，我感到很意外，因为还有很多比我杰出的科学家都没有得奖，我心里感到十分惭愧。"

当天下午，学校的师生们为朱棣文举行了一场庆祝会。朱棣文感谢人们的祝贺，他说道："斯坦福大学有着出色的学术研究环境，培育了许许多多的优秀人才，自己只是其中较为幸运的一个。"当有学生问道他成功的秘诀是什么的时候，他说："我的成功跟我的父母和家庭有着直接关系，我生活在一个人才辈出的家庭，在整个家族中至少有 12 位拥有博士学位或大学教授职位，生活在这样一个人才众多的家庭中，我常常感觉自己是一个笨蛋。所以，我必须每时每刻都要拼命地学习。"

在一个良好的环境里生活或者工作，即便这个人不是很聪明，但是周围优秀的人总是能够给他做出榜样，让他及时发现自己和别人的差距，那么最后他也很可能成为一个特别优秀的人。

美国前副总统林伯特·汉弗莱说："我们不应该一个人前进，而要吸引别人跟我们一起前进，这个试验人人都必须做。"领导者的行为本身就是一把尺子，下属就是用这把尺子来度量自己的。领导者处处为下属树立好的榜样，这样下属才会变得更加优秀，管理起来也会更加轻松。

因此，领导者的责任不仅是完成好上级交给自己的任务，还要从全局考虑，主动给下属营造一个良好的工作氛围。社会是不断地向前发展的，一家企业如果没有好的工作氛围，就很难调动员工的积极性，就难以跟上社会的脚步。

作为企业的领导者，任何时候都需要从全局上考虑，虽然营造一个良好的工作氛围暂时会损失一部分利益，但是从长远来看可以得到更多的利益。好的工作氛围对于一家企业至关重要，领导者要想做到统筹兼顾，很有必要为员工营造一个良好的工作氛围，如果能将此形成一种文化，那么必然更能增强企业的凝聚力。

—— 第三章 ——
危机格局：时刻把危机意识放在心头

> 作为领导者，需要时刻把危机意识放在心头，要对危机有足够的预见力，并能够为企业提供合理化的建议，帮助企业顺利渡过危机。这样做，不仅是在为企业保驾护航，也是在保护自己的事业。

保持并传递危机意识

很多企业往往只坚持了短短一两年就倒闭了，其主要原因不尽相同，但是有一个共同点就是，领导人缺乏危机意识。今年这个东西好卖，就卖这个；明年那个好卖，就卖那个，从来就没有好好地想想，如何才能长远地发展，这样的企业领导人又如何能取得长久的成功呢？

领导工作既是一种实践，又是一门学问，还是一种艺术。领导者既是管理者，又是指挥者，更是教育者。作为领导者，仅仅自己拥有强烈的危机意识还不够，还要让所有的员工把这种意识放在心上。可能大家对"温水煮青蛙"的故事很熟悉，青蛙为什么会在慢慢加热的温水里死去，而不会在沸水中死去，原因就是它没有一点危机意识。

当一个人处在危机状态时，精神会高度紧张，注意力非常集中，这时就可能产生巨大的能量，以求摆脱危机。企业也一样，在突如其来的危险面前，大多数人都有着灵敏的反应能力，并及时采取措施，尽可能发挥自己的潜力，最后"杀出重围"，"死里逃生"。然而缓慢渐进的危机容易使人放松警惕，面对危机麻痹大意，毫无知觉。

众所周知，日本社会中一直有着强烈的危机意识，无论是企业、学校还是政界都盛传危机存在的信息，时时激发日本人的团队精神和奋斗精神。

日本社会之所以会有这么强烈的危机感是有原因的。日本国土狭小，没有资源，只有靠技术，靠奋斗，否则就要亡国。20世纪40年代，日本政府就提出了"民族虚脱危机"、60年代提出"原料市场危机"、70年代提出"资源危机"、80年代提出"贸易危机"。

因为日本资源少，所以有很强的危机感，这是我们很容易理解的。这反映了一个事实：那就是没有危机感，就很难有美好的未来。

可见，危机意识非常重要。如果一个国家没有危机意识，这个国家迟早会出现问题；如果一个企业没有危机意识，这个企业迟早会垮掉；如果一个人没有危机意识，这个人必定遭到不可测的横祸。虽然此时公司可能仍旧蒸蒸日上，但千万不要以为任务失败离你还很遥远，要知道，很多公司是在迅速发展中突然倒下的。主要原因就是公司里的人都没有重视其所面临的潜在危机，当这些潜在危机变成现实危机的时候，他们只能仓皇应对，而这样对拯救危机没有多大用处。没有居安思危的思想，没有提前做好准备，失败就不可避免。

大公司都是危机造就的，大企业都是从大风大浪中冲杀过来的，因此，一个领导者要时刻拥有危机意识，还要让公司的每个人都有危机意识。总之，一个人或一个企业要想生存得越来越好，必须有超前的危机意识，只有具备这种抗压能力和危机意识，才能调动员工的积极性，才能改进工作，才能有所创新，最终使企业发展壮大。

■ 培养预见力，对危机先知先觉

企业要想做到防患于未然，除了要时刻保持危机感之外，还有一项更重要的就是，企业里的人尤其是领导者对危机要有足够的预见力。

作为领导者，如果对身边的事情能做到先知先觉，对事物的发展趋势做到心中有数，那么就不会被突如其来的危机打晕，继而迷失方向。

波音公司如今是世界上著名的飞机制造企业，但在20世纪90年代，由于员工的工作积极性不高，企业的产量迅速下降，企业发展进入了低谷。

企业的领导者意识到了这个问题的严重性，积极寻求改善方法，在经过几番讨论之后，最终公司的领导者想出了一个非常巧妙的"以毒攻毒"策略。

为了刺激员工的积极性，波音公司自己摄制了一部虚拟波音公司倒闭的电视新闻片，自曝惨状。在新闻片中，一个天色灰暗的日子里，众多工作多年的工人们垂头丧气地拖着沉重脚步，从波音公司大门里走出来，离开自己熟悉的飞机制造厂。厂房上面挂着一块巨大的牌子，上面写着"厂房出售"。与此同时，扩音器不断传来一个声音："今天是波音时代的终结，历史悠久的波音公司关闭了最后一个车间，卖掉所有专利，也辞退所有员工，宣布了企业的倒闭。"

这种警示起到了预想的作用，众多员工也开始意识到：如果不改变现在的工作状态，提高自己的工作效率，那公司的末日也就是自己的末日。

真可谓"假作真时真亦假，真做假时假亦真"。由于员工们充满危机感而努力工作，尽量节约公司的每一分钱，充分利用每一分钟，波音公司的生产效率因此获得了一次飞跃性的提升。

事后控制不如事中控制，事中控制不如事前控制，在危机发生前做好准备，可惜的是大多数企业的领导者都未重视这一点。他们不知道预见，总是等到事情泰山压顶般扑过来的时候才想要采取措施，这又怎能做好事情呢？

危机并不可怕，可怕的是没有危机意识。无论是强大的狮子，还是弱小的羚羊，在物竞天择的自然界中都面临着生存的压力和危机。如果意识不到这样的压力和危机，稍一松懈，就会成为别人的战利品。

对于自然界的动物来说，生命只有一次，失败者绝对没有第二次机会。领导者是企业的核心，中下层领导者是企业的主要力量，做任何事情，都要看得长远一些，想到事情发展到最后会变成什么样。如果企业的领导者不能正确预测这些变化，那么企业就会在突然出现的变化面前措手不及，进而慢慢地走向衰落，直至倒闭。

有些人可能会说，我怎么能知道将来会发生些什么呢？其实，事物总是有一定发展规律的，只要你收集足够的信息，仔细分析，就不难看出将来事物的发展趋势。

1971 年 5 月，当日本外汇储备达到 60 亿美元的时候，日本麦当劳总裁藤田田先生通过各种数据分析，得出不久外汇储备将突破 100 亿美元大关的结论。

这个时候，很多公司都在拼命地发展出口业务，但是，藤田田先生立即进行公司内部调整，将出口科的人员减少到只剩下三人，其他职员全部并入进口科。他还指示，以后的出口业务除仅有的一小部分外，其他全部停止。他的这个行为遭到了职员们的抱怨。

"经理，您就这样眼睁睁地看着赚钱的机会从我们眼前消失吗？"一名优秀的职员向藤田田抗议道。

"我不赚钱都可以，但我不希望做亏本生意。现在去接出口业务，看起来我们是要大赚一笔，但是也很可能亏大本。"藤田田是这样来回敬职工们的抗议的。

这期间，有不少同行给他打来了电话，讽刺他说："因为你停止了出口业务，我们才顺利地接到了一笔 500 万美元的生意，感谢您给了我们这个赚钱的机会，同时还请您不要生气。"

跟他关系不错的一位银行家也打来电话质问他："为什么要停止出口业务？"

"我觉得社会马上就要发生大动荡了。"藤田田说。

但这位银行家没有信他说的话，因为这段时间很多人赚钱都赚疯了，根本丧失了理智。

同年 6 月份，外汇储备又增加了，达 70 亿美元。至 7 月份，外汇储备达 79 亿美元，美元依然如潮水一般涌入日本市场。风暴迫在眉睫。

这以后，在很短的时间内，美元跌价，日元上涨。那些接到出口订单的企业全部做了赔本生意，有不少企业因为接的业务过多，不得不因为亏损而宣告破产。而藤田田先生却以他超人的预见力避开了这场破产之灾，还小赚了一笔。

大多数领导者想的都是如何为企业增加盈利，却很少想过将来可能发生什么样的危机。作为领导者，如果想在一家企业里干出一番事业的话，最好还是要有一定的预见力，尤其是对危机的预见力。俗话说"守江山比打江山难"，企业领导当然希望员工能为他赚钱，但是他更希望能通过员工的努力，让企业稳定长久地发展下去。

所以，作为企业的领导者，不仅要思考如何为企业创造利润，还要考虑如何让企业避免危机。事实上，危机在一定程度上是可以预见的，只要仔细观察、潜心分析，就一定能找到危机将要发生的蛛丝马迹。

察觉企业问题，并提供合理化建议

衡量一个员工是否优秀，要看他能否给企业提出有价值、有益处的建议，这在一定程度上也反映了员工是否为企业全局着想。作为企业的领导者，应该比普通员工更加有主人翁意识。在发现公司有什么不合理的地方时，就要大胆地向上级反映，不要只想着如何做好自己的工作，要看得远一点。

要知道，只有企业发展好了，自己才有成就一番事业的平台。优秀的企业领导者都会把公司的事情当作自己的事情，特别关注企业存在的问题或遇到的困难，并积极地为企业提供合理化建议。

方明是一家旅馆的领导，对于旅馆内的一些物品经常被住宿的旅客"顺手牵羊"的事情感到头痛，却一直想不出很有效的对策。后来，他嘱咐下属，在客人到柜台结账时，要迅速派人去客人所住的房内查看是否有什么东西不见了。这一对策刚执行不久，就有几个客人觉得这是对他们的侮辱，并当场表示旅馆的服务非常差，下次再也不住这个饭店了。

方明知道这样下去不是个办法，于是召集了各部门主管，想想有什么更好的法子能防止旅客"顺手牵羊"。几个主管围坐在一起冥思苦想了一番。

一位年轻主管说："既然旅客喜欢，那就让他们带走算了。"

方明一听，瞪大了眼睛："这是哪门子的馊主意？"

年轻主管赶紧挥手表示自己还有下文，他说："既然顾客喜欢，我们就在每件东西上标价。说不定啊，还可以有额外收入呢！"

方明觉得这个想法有一定的可行性，便让大家按计划进行。

其实，有些旅客喜欢"顺手牵羊"，并非蓄意偷窃，而是因为很喜欢房内的物品，下意识觉得既然付了这么贵的房钱，为什么不能拿一些小东西做纪念呢，而且旅馆又没明确规定哪些东西不能拿。

于是，这家旅馆给每样东西都标上了标价，并说明如果客人喜欢，可以向柜台登记购买。每个来自远方的旅客到这里住，还会收到一份小小的纪念品。方明还在旅店里多放了很多东西，比如墙上的画、手工艺品等，这些东西都有标价。这样一来，旅馆比以前更加美丽了，很多离开这里的客人表示，有机会的话，下次还会来住。

一个合理的建议，不仅避免了一些误会的产生，而且让公司有了额外的收益，这样的领导艺术不可谓不精明。

作为领导者，要明白工作是成就事业的基础。如果努力地去发现企业中不合理的地方，并且提出合理化的建议，那么离成功也就不远了。

好员工要善于提建议，当然，其前提是必须做好本职工作，只有本职工作做好了，才有建议可提。试想一下，一个人连自己的本职工作都做不好的话，能提出什么样的合理化建议呢？

　　此外，领导者还要善于采纳来自下属的好建议。当下属提出建议后，领导者一定要认真对待。

　　现在很多企业都建立了"建议奖"制度，目的是希望员工多提出好的建议。比如 IBM 公司，只要员工提出好的建议就给予其一定的奖励，哪怕只是改变一下办公室的布置也不例外。

　　有个年轻人找到了一份邮递员的工作。刚开始工作不久，他就发现邮递员凭不太准确的记忆拣选、分发信件，会导致许多信件因为邮递员自身记忆出现差错而无谓地耽误几天，甚至几个星期。于是，他积极地思考着是否有好的办法来提高工作效率。

　　经过长期的观察和思考，他发明了一种把寄往某一地点的信件统一汇集起来的方法。这看起来是一件很简单的事，却成了改变他命运的重要筹码。他的方法和计划吸引了上司们的注意，很快，他便升职了。五年以后，他成了铁路邮政总局的副局长，不久又升为局长。后来，他还成了美国电话电报公司总经理。他的名字是西奥多·韦尔。

　　任何一个在职场打拼的人，要想迅速在职场中得到加薪或者升职的机会，都应当像韦尔一样多为企业提供合理化的建议。要知道，公司的危机其实也是自己的危机。如果仅仅把工作当作谋生的手段，或者仅仅把目光停留在工作本身，就算做的是自己感兴趣的事，也不能保持长久的工作热情，这样就很容易在工作中得过且过，难有大的作为。但是，如果把工作当作自己的事业，把公司的危机当作自己的危机，那么情况就会完全不同。

　　也就是说，为企业防患于未然，也是为自己的人生防患于未然。在这个现实的社会里，每个人的职业理想都必须通过工作来实现，但要如何实现呢？除了努力工作之外，我们还应想尽办法保护公司。只有公司还在，才有实现自己梦想的可能。

　　某企业发展得非常快，并且很稳定。它之所以能如此稳定地向前发展有一个很重要的原因，那就是公司内部每一个员工都在积极地为企业提供合理化的建议。

该企业有一个名叫妮可的女孩，她的故事影响着这个企业中的每一个人。

妮可只是空调事业部的一个普通质检员。她在检验空调的时候发现了一个问题：冷凝器上有油脂，在大批量检验完后，水便会混浊，一天要换好几次水，每次都用掉近10吨水，很浪费。

如果是一般的员工遇到这种情况，最多只是将问题向上级反映，但是细心的妮可发现这个问题后，并不是简单地将问题上报给主管，而是动脑筋思考如何才能解决这一问题。

经过不懈的努力，她还真的想出了可以节约用水的好办法：根据不同的机型，水位不必都一样高，有的可以调低一些，这样就可以节约很多水。她把这个建议上报给领导后，立刻就通过了。后来，妮可又向领导提了很多合理化的建议，大多数被采用了。

对于这样积极提供合理化建议的员工，领导当然很看重。

空调事业部一厂的订单执行经理说："妮可是一个很不错的姑娘。她一发现问题就一直盯着，直到把问题解决！那股认真劲儿，让人看了高兴！"

如果每一家企业里都有很多像妮可这样的员工，不仅善于发现问题，而且善于提出合理化解决方案，企业的效益怎么能不加倍提升呢？个人的发展之路又怎么会不平坦呢？

作为企业的领导者，要比员工想得更多、更长远，也更有责任去寻找公司里的问题，然后提供合理的解决建议。记住，发现问题后，还必须提出解决的建议，除非这是一件特别紧急的事情。要知道，上司比我们忙得多，我们发现的问题也许人家心里早就清楚，只是由于各种原因而无法立即解决这些问题。所以，我们要想上司之所想，在发现不合理之处后，还要努力找到解决办法。如果这一切你都做到了，那么就等于播下了成功的种子。

👆 按计划行事，避免临时抱佛脚

人们常常将某人的成功归结于勤奋，将某人的失败归结于不够勤奋，这样的认识其实有些狭隘。因为现实中有些人比别人勤奋几倍，甚至几十倍，却没有取得多大的成就，而有些人只是比别人多努力一些，却取得了非凡的成就。

不可否认，勤奋是一个人走向成功必备的品质，但是我们不能说，一个人只要勤奋就一定能成功。之所以如此说，是因为有些人虽然勤奋，却没有强烈的格局意识，没有做好计划。相反，那些取得巨大成就的人，通常具有格局意识，做事有计划，事事都在其掌控当中。

我们知道，如果车子没有方向盘和刹车就会乱跑，距离毁灭也就不远了。一个人成功的因素中，勤奋仅仅是一部分，虽然必不可少，但并不是决定因素。一个人光有勤奋，做事如果没有任何方向和计划，也是很难取得成功的。

企业也是如此，要想少遇到一些危机，不断发展壮大，就必须在掌控全局的前提下做好各种计划，绝对不能等到危机来了才临时抱佛脚。

领导者是企业的核心，掌控着企业的各个局部，如果做事没有一点计划，想到哪儿就做到哪儿，长此以往容易失去方向，势必会拖垮整个企业。

张宝光是某大型技术公司的业务部主管。这天早上，上司交给他一个重要项目，要求他务必协调各部门，必须在三天之内完成这个项目的筹备工作。得到这样重要的任务，张宝光很高兴，由此能感觉到领导对他的信任。于是，他自信满满地开展了工作。

首先，张宝光需要调动监管部门提供项目作业中内容的监控数据；其次，需要调动技术部的功能提供技术支持并进行成本核算；最后，要调动人力资源部门委派三名员工协助实施。

　　除此之外，他还有很多其他工作要做，各种各样的事情压得他喘不过气来，于是，他把调动各部门的工作交给下属陈凯去执行。但是没过多久，他就分别接到了来自三个部门的电话。

　　监管部询问："只要提供表单内容的数据就可以了是吗？有空您最好亲自过来，您的那位下属对这些不是很清楚。"张宝光想，亲自去一趟就得耽误半天时间，眼看期限就快到了，就这样吧，一组数据而已。

　　技术部说："这个方案有很多细节，您还是抽个时间过来确认一下吧，不然我们只能按照自己的想法来处理了。"张宝光想，给领导有个交代是大事，细节应该没有什么大问题，于是又回绝了对方的请求说："没关系，你们就看着办吧。"

　　人力资源部问道："最近我们也很忙，只能暂时给你们调两个人过去。"张宝光想都没想，就一口答应了，心想不差一个人。

　　张宝光看上去非常迫切地想完成任务，但没想到由于事先的种种疏忽，在快提交任务时却出了乱子：数据不齐全，无法最终定夺价目；细节不符合客户标准，不予通过；如此一来，工作量骤增，而帮手却少了一个。

　　这时，张宝光才想到要亲临各部门协调工作，确认议案，但对方都以其工作繁忙为由草草了事，以致张宝光虽然按时提交了这个项目，却迟迟没有通过。对此，领导对他失望至极。

　　张宝光犯的错误，主要就是做事没有详细的计划，想到哪里就做到哪里。其实，既然是上级交代的重要项目，还需要各个部门的配合，他就应该先处理这件事。首先他应该从全局出发，在接到项目之初就调配好各部门的工作，不应因"经验主义"而把属于自己的工作交给其他手下，把应该落实的工作一笔带过，甚至完全忽略。

　　可见，企业的领导者需要具备敏锐的洞察力。为了避免工作中出现错误，就一定要有详细的工作计划，一旦发现有些事情不在计划之内，就要想尽办法具体情况具体分析，尽可能化解潜在风险。可惜，有太多领导者都未能体会到这一点，事前掩耳盗铃，事后亡羊补牢，总是等到决策出现失误、造成了重大损失才力求弥补。

当然，我们也不能说张宝光一点计划都没有，能坐到领导者这个位置的人，做事不可能没有一点计划。但是，他忽视了自己的计划必须在全局之下，必须在自己的掌控之中。

企业管理好比射击，射击讲究射中靶，坐在领导者的位置上，考虑问题的时候就要把自己的思想提升到领导的高度，从全局出发思考问题、解决问题。

领导者做事情的时候一定要带有目标性，看得全面一些、长远一些。就好比游泳，要一边游一边看着前方，万万不能等到快撞到墙壁才知道下一步该怎么处理。

要想防患于未然，领导者们必须做到长计划、细步骤、精安排，这样才能真正做好管理工作。制定一项长远规划，是确定一个远大的发展目标的前提。这个目标还要稍微定得高一些，这样才会让手下的员工有压力和动力，使他们的潜能充分地发挥出来。领导者最好能将总目标具体化，并化解成小目标或阶段性目标，使大家每前进一步都能体验到成功和胜利的喜悦。此外，还要全面系统地分析在实现这些目标的过程中可能遇到哪些困难，以及如何才能克服这些困难，然后，依据上面的分析，制定具体的方案。所做的计划越细，自己对这件事的掌控力就会越强，遇到的危机也会越少。

♣ 问题当前，切忌逃避畏缩

每当风沙来临的时候，鸵鸟便会把自己的头埋进沙子里。你也许会很奇怪，鸵鸟把头钻进沙子里，难道风沙就会如它期望的那样消失或者改变吗？当然不会，但是现实中很多人会选择这样做，其中包括某些企业的领导者。然而，也有一些反例。

　　有一位记者采访了一家以销售收音机为主的电器公司的销售经理。之所以会采访他，是因为这段时间由于受到录音机等新型产品的冲击，许多公司产品的销售量下降得很厉害，甚至有不少公司因为产品卖不出去而造成产品积压，但是这家公司没有。经过这位销售经理的努力，这家公司在短暂的销售下滑之后很快恢复过来，甚至有一定幅度的提升。有人说，这真的算是该行业的一个奇迹了。

　　记者问这位销售经理："听说，刚开始的时候，你们公司的销售量也下跌得很厉害。"

　　"是的，那个月我们公司根本就没有什么业绩，我马上就召开了会议。会议一开始，销售员们就开始说一大堆业绩下降的原因，我知道他们在诉苦，其实我很理解他们。"

　　记者继续问道："那你采取了什么措施呢？"

　　他笑着回答："其实，我也没采取什么措施，我只是告诉他们：'原来这样啊！看来，大家是没有什么责任了。'接着，我有点愤怒地说：'你们是要我带领着你们去提高业绩吗？'就在这个时候，有个员工就站了起来，说是他的错，他没有尽到自己的责任。我就对着所有的销售员说：'看到有人敢站出来，坦率地承认自己的错误，我很高兴。我相信，如果在座的各位都能明确自己的责任，回到自己的销售地区，并保证在以后30天内，每人卖出50台收音机，那么本公司就再也不会发生什么财务危机了。你们愿意这样做吗？'我一说完，员工们都站了起来，纷纷表示愿意。后来他们果然办到了，而且他们再也没有拿行业遭遇瓶颈、经济不景气、资金缺少等理由来当作他们推卸责任的借口。"

　　一场场销售危机的解决，当然不可能像销售经理说得那么轻松。开完会之后，他就积极带领下属们进行销售活动了。

　　问题发生后，就想尽办法给自己寻找借口，这绝对不是一个有格局的领导者该有的表现。相反，敢于承认自己的错误很重要，更重要的是积极地寻找解决问题的办法。

作为企业的领导者，无论什么事都要比别人想得多、做得多。当上级有问题时，会要求你去解决；下属有困难，还会要你去面对。不管怎么样，你都必须明白，你所在的这个位置就是为了给你所在的企业解决问题的。

要知道，解决了问题，你才能推进工作；解决了问题，你才能创造效益。因此，问题出现后，你绝对不能逃避。如果作为领头的自己都逃避了，下面的人就更不可能解决问题了。

其实，很多问题，当我们勇敢地面对后，它就不再是问题。任何人都不可能一帆风顺，问题发生后，作为企业领导者，绝对不能找借口。没有解决问题的经验，那就向有经验的人请教，多听取各方面的建议，认真分析，总能找到解决问题的办法。

格兰特是美国历史上最杰出的将领之一，他的英雄事迹在美国影响甚大，还受到全美国人民深深的爱戴。

格兰特能取得如此大的成就，其实没有什么诀窍，他只是比别人更加敢于面对问题。他不但不惧怕有困难的任务，而且非常喜欢挑战有困难的任务。

当年在攻击亨利要塞和多纳尔森要塞时，北方联军们的将军都认为，这两个要塞防守顽强、守卫森严，工事坚不可摧，贸然去攻击它们无异于自取灭亡。

很显然，北方联军遇到了一个大麻烦，但是格兰特此时主动向林肯总统请缨，攻打这两个要塞。当时很多人都认为他疯了，如果他失败的话，就可能被免职，甚至上军事法庭。

但他坚决这样做。他的勇气和自信让林肯很是欣赏，就同意了他的请求。格兰特突发奇想，第一次使用铁甲舰配合水陆两栖进攻，在很短的时间里，以最小的伤亡代价攻下了众人认为无法攻克的亨利要塞和多纳尔森要塞。不久，格兰特被升任为北方联军的总司令，为美国南北战争中北方的获胜立下了汗马功劳。

在问题面前，绝对不能畏首畏尾，相反，愈是在危急关头，我们愈应该勇于挑战、敢作敢为。一个保守安分的员工或许能够成为一个合格的员工，但是在领导的心目中他永远都不会成为最出色的那一个，领导需要有格局意识的、敢于迎难而上的员工。企业的竞争是激烈的，一个公司同样需要那些敢闯敢拼的领导者，这样的人才能带动公司前进，如果公司的领导都不敢闯，那么所有员工都会裹足不前，整个公司也就无法实现持续发展。

▆ 选用人才必须德才兼备、以德为先

几乎所有领导人心里都清楚，对于企业来说，没有任何东西比人才更重要的了。记得有一位哲人说："只要给我人才，把我放到沙漠里面，我照样能够做出一番事业。"可以说，一切竞争说到底都是人才的竞争。

那么企业是不是拥有了人才就一定能成功，成功后就不会有任何危机了呢？答案是否定的。因为如果给你工作的人品性不好，就可能给公司带来不可预料的损失，甚至是致命的打击。所以，企业的领导人在用人的时候一定要从全局出发，全面地看待这个人。只有德才兼备的人才可以得到重用，因为只有这些人，才是促进企业健康良好地向前发展的主要力量。

清朝著名军事家曾国藩拥有一双善于识别德才兼备者的慧眼，曾有不少栋梁之材经他之手涌现出来。他选才的思想是：在德才之间，他更强调人的品德。曾国藩所谓的"德"含义很广泛，忠诚、踏实、正直、勇敢等都属于有德。他强调要"于淳朴中选拔人才，才可以蒸蒸日上"，这里的"淳朴"就是指朴实、诚实等优秀品质。他认为："德就是在政治上要忠于自己的信仰与事业，要能心甘情愿地为之竭尽全力；在作风上要质朴实在，能吃苦耐劳；在精神上要坚韧不拔，顽强不屈。"

正是在这种选才标准下，他选拔出了后来成为台湾首任巡抚的刘铭传。

一个阳光明媚的下午，曾国藩的家中来了三个年轻人，他并没有立刻

接见他们，而是让他们在大厅中等待，一直到黄昏时，曾国藩才露面。

这三个年轻人是曾国藩的学生李鸿章向其举荐的，希望他们可以得到曾国藩的重用，做出一番事业。而曾国藩迟迟不肯相见，就是想考验他们一下。曾国藩一直在暗处观察他们的举动，发现三人行为各有不同：一个人四处观察屋内的摆设；一个人规规矩矩地坐在椅子上；一个人则站在门口，仰望天上的云朵。时间一长，前两个人开始露出不满的神色，而第三个人仍旧面色平静地欣赏美景。

看到这一切后，曾国藩走到大厅，和他们攀谈起来。几轮谈话下来，曾国藩又有了新的发现：四处观察屋内摆设的年轻人和他很有共同语言，讲起话来滔滔不绝，另外两个人则显得沉默寡言。那个一直在门口欣赏美景的年轻人虽然话语不多，但常常语出惊人，见解独到，偶尔还会顶撞他。天色渐晚时，三个年轻人起身告辞。

他们离开后，曾国藩就对三个人做出了职位安排，结果让人很意外。他将顶撞自己的年轻人派去军前效力，让那个沉默寡言的年轻人去管理钱粮马草，而那个与他很谈得来的年轻人只是做了一个有名无权的小官。

众人对这个安排十分不解，有人问道："曾大人，您为何将与您最投机的人排斥在外，却让一个有些高傲的年轻人去军中任职，还让军中的大将重点培养他？"

曾国藩笑着说道："那个和我很谈得来的年轻人，在大厅等待的时候就认真观察大厅的摆设，在他与我说话的时候，我能感觉到他对很多东西根本不精通，只是投我所好而已。并且，在背后发牢骚发得最厉害的就是他，见了我之后却是最恭敬的。由此可见，他是个表里不一的人，有才无德，不可委以重任。那个沉默寡言的年轻人，说话唯唯诺诺，没有魄力，但性格还算沉稳，至多可做刀笔吏。而那个顶撞我的年轻人，虽然在大厅里等待那么长的时间，却毫无怨言，还有心情观赏浮云，这份从容淡定就是少有的大将风度。而且，面对我时，他还能不卑不亢地说出自己的独到见解，可见品德高尚，是少有的人才，我当然要提拔他。"

众人听后，连连点头称是。

受到曾国藩提拔的那个年轻人就是刘铭传,他与曾国藩期望的一样,在一系列征战中表现出色,迅速成为军中名将,还因战功显著被册封了爵位。甚至在年老之时,他还重跨战马,扬名中外。

识才、选才、用才,三者是相辅相成的。曾国藩慧眼识才、以德选人的故事很值得现在的领导者们深思和借鉴。三国时期的许攸是一个很有谋略的人,但他的人品非常差,如果不是他向曹操告密,袁绍也不可能有官渡之战的惨败。一家企业要想少遇到一些麻烦,最好远离那些品德败坏的人。

有一位企业家在一次电视采访中谈到自己的创业经历。

刚创业的时候,由于制度不完善,公司混乱不堪,就在这个时候,来了一位管理方面的人才,他帮公司建立了一些管理制度和经营策略,为公司提供了很大的帮助。当时,我对他很重视,但是很快公司就出现了一些问题,那就是一些老同事纷纷离职。经过深入了解,我才发现原来这位管理人才是办公室的政治"高手",结党营私、欺压同事、阿谀奉承、争功诿过。

刚开始,我因为爱才,想留他在这里干一阵子再说,没想到不久公司的核心团队就向我投诉,直至我把这位令自己又爱又恨的管理人才解雇后,公司才稳定下来。

领导要有格局意识,必须时刻提醒自己:"如果一个员工品德不行,那么他的能力越强,对企业的危害可能就越大。"下面这个事例就是最好的写照。

春节过后,张涛负责的部门新招聘了两名业务员,一个叫刘新,一个叫赵飞。按照公司规定,新员工要有两个月的试用期。很快,两个月过去了,在短短两个月内,刘新的签单量位居整个销售部第三名,为公司创造了可观的利润。为此,作为主管的张涛对他另眼相看,觉得这是个可塑之才，甚至在一次部门会议上表示，要提拔刘新做他的助理。

此后没几天，张涛就收到了好几封匿名邮件，里面的内容意思相近，大致是说刘新这人的品质不太好，当助理不太合适，他们反而觉得赵飞不错。

张涛心想，销售部跟别的部门不一样，不需要太重视人的品行，只要这个人业绩突出就行了，于是，他果断地把刘新提拔为助理。没想到，升职后的刘新，"狐狸尾巴"渐渐露了出来。他狂妄自大，总是无事生非、挑拨离间，使员工之间矛盾重重，把一个好端端的部门弄得乱七八糟。他还暗地里拿客户的回扣，将一些商业机密透露出去，给公司造成了不小的损失。而一直不被张涛看好的赵飞，则一直脚踏实地地工作，爱岗敬业，乐于助人。尽管没有得到重用，却没有抱怨，依然努力做好自己的工作，不仅为企业创造了经济效益，也以其优良品质得到了同事的尊重和客户的认可。

经历了这件事后，张涛深有感触地说："一个员工有德无才，最终会危害公司的利益。刘新出了问题，主要不是出在才上，而是出在德上；部门的员工对他不满意，也主要是对他的德不满意。所以，德才兼备，以德为先，应该是我们的首选用人标准。"

张涛用自己的经历为人们做出了警示：德才兼备、以德为先，应该是领导者选用人的标准。

曾有这样一家企业，他们录用员工的时候，提出的第一个问题是其对老人是否孝顺。在他们看来，不孝则无德，而无德之人即便才华横溢也不能被信任与录用。这就是选人先选德，他们为人才树立起了一杆品德的标尺，这是值得鼓励与倡导的。

意大利诗人但丁有句名言："一个知识不全的人可以用道德去弥补，而一个道德不全的人却难以用知识去弥补。"才能不出色，可以通过自身努力和他人的帮助而提高，但是品德低劣是很难改变的。所以，领导者要改变"有才即可"的选才观念，要用品德作为筛选人才的第一工具，这样，团队才能少遇到一些困难。

🎩 及时了解下属的工作，别让小事变大事

作为领导，希望员工都能够努力地工作，并且完美地完成任务，但是，事情常常不能如己所愿。一件任务交代下去的时候，下面的人拍着胸脯保证一定很好地完成任务，可是最后的结果很可能令人非常生气。这样的事情出现多了，势必影响公司的经营。其实，发生这样的事，多半与下属的责任意识不够强有直接关系，但也并不是说领导就没有一点责任。

作为领导者，一定要随时了解下属的工作状况，因为你无法保证自己的部下全部是"天使"，或者曾经是"天使"的他们未必永远是"天使"。换句话说，他曾经在这个岗位上干得很不错，但是并不能代表他能一直做得不错，所以，我们应该随时了解下属的工作状况。只有这样，才能避免一些不必要的麻烦，才能让工作顺利地开展。

某公司高薪招聘了一个年轻漂亮而且是本科学历的女职员作为该公司的前台。前台的工作比较简单，主要就是负责接待来公司的客户与回答客户的来电咨询。每天，这位女职员只要给来电咨询的人们介绍一下公司的基本情况和主要产品就行了。女孩暗自庆幸，自己找到了一份稳定、轻松，待遇又很好的工作。

可令人意外的是，公司决定辞退她。她很不服气，觉得自己没做错什么，于是找到部门经理质问。部门经理说："客户们反映，我们公司接电话的那个小姐态度冷淡，对业务知识不熟悉，工作态度不认真。你知道吗，因为你的原因，公司差点丢掉一个大客户呢！"

这位女职员觉得很委屈，反驳道："我怎么态度不认真了？我都是按照公司的规定去做的啊！"

部门经理回答说："没错，你背熟了产品介绍，可你并没有真正地理解它，遇到许多客户的提问，你就直接把他们推给销售部门。你在与客户交

谈时，确实使用了公司规定的礼貌用语，可你的口气中让客户感受不到一点的亲切和热情。"

如果部门经理没有及时了解这位女职员的工作状况的话，就不会发现她工作中的问题，那么肯定会给企业带来巨大的损失。所以说，领导者该了解下属工作状况的时候必须要了解，不要做一个"甩手掌柜"。

此外，还有些下属犯了错误害怕承担责任，于是隐瞒事实真相，把一件很大的事情说成一件很小的事情，给领导一种错误的信息。如果领导对其工作状况一点都不了解，很容易就会被蒙蔽，最后就会给企业带来巨大的损失。

由此说来，随时了解下属的工作情况，可以纠正错误、解决问题，还可以跟进部门下属的工作进度、督促下属。很多企业有不少杰出的人才，最后选择了离开，其实就是因为上级没有随时了解他们的工作状况。他们认为领导都很忙，根本没有时间照顾到他们，于是当遇到自己解决不了的困难时，并没有及时请求上级帮忙。等到了期限的时候，才把遇到的困难告诉上级，可是这个时候，一个很小的问题可能就会变成一个大的问题。

有一家杂志社的主编让下属去采访一位企业家，并要求三天之内必须完成这个任务，可是这个下属无法联系上这位企业家。结果两天过去了，工作没有任何进展，这位员工垂头丧气地对主编说："我向很多人咨询，就是找不到那位企业家的联系方式。"

主编听后，大怒道："这期杂志里必须有这个企业家，过几天杂志就要印刷发行了。你找不到联系方式，难道不能问我吗？"

"我见你不在单位，知道你在外忙得很，也就不敢麻烦你。"这位员工委屈地说道。

能把所有的责任全部推到员工身上吗？这值得领导考虑。这位员工可能在工作上有些失职，但是他对工作的态度没有任何问题。其实这件事的主要责任还是在于那个主编不了解下属的工作情况。当派给下属任务的时候，他就应该主动把企业家的联系方式给他，因为他不给下属，下属就可能认为他根本就没有这位企业家的联系方式。还有，即使他忘记了给下属，第二天也应该询问下属是否遇到了什么困难，是否需要自己协助，等等。领导者需要随时了解下属的工作状况，尤其是那些责任心不强、总是拖延的员工，领导就更需要知道他们的工作进展。不要让一件小事因为没有及时处理，变成了大事、急事，最后影响了全局。

建立危机处理机制，最大限度降低损失

问题发生后，有些企业能迅速地处理，结果因为及时处理，没有给企业造成什么大的损失；但有些企业不能做到及时处理，结果错过了最佳处理的时机，让企业遭受到巨大损失，甚至是灭顶之灾。为什么有这样的差异呢？其实，主要原因在于它们是否建立了有效的处理问题的机制。

因此，要想从容面对危机，必须经受考验，企业一定要建立完善的危机应对机制，只有这样，才能把危机降至最小。对企业来说，最理想的状态是危机发生后，企业的危机管理机制能够及时地发挥作用，及时处理问题。

美国纽约州约翰逊药品公司因成功处理"泰诺"中毒事件而赢得了公众和舆论的广泛同情，在危机管理历史上被传为佳话。

1982年9月30日这天，对很多人来说是普通得不能再普通的日子，对约翰逊药品公司来说却是一个灾难的开始。就在这一天，犯罪分子在美国纽约州约翰逊药品公司的泰诺胶囊里放入氰化物，以致一夜之间，在芝加哥地区就有七人中毒而死。

这次死亡事件造成了人们对药品的恐慌，而且它直接影响到约翰逊药品公司的药品在美国各地的销售。如果不好好处理这件事的话，苦心经营

了 40 年的约翰逊公司很可能因这次危机而关门。

那么约翰逊公司是怎么做的呢？他们在得知芝加哥地区发生药物中毒事件后，马上追回了发往 31 个州的全部药品，并立即销毁；发出了 45 万封电报请各医疗单位提高警惕；设立了专用电话热线，并通知新闻单位，请世界健康组织向各地药品供应商发出通知，以保护泰诺的海外市场。从 9 月 30 日事件发生，到 10 月上旬，胶囊生产全部停止，几天之内约翰逊公司损失就高达 10 万美元。

11 月初，凶手落网了。政府也证明约翰逊药品公司的药品质量是没有问题的，但是约翰逊药品公司仍然小心翼翼地处理与此相关的事情。

11 月中旬的时候，公司开始将产品投放市场，他们不回避各方的责难，总裁亲自出面举办了一个面对 30 多个城市、500 多名记者的会议，诚恳的解释和道歉赢得了民众的理解。此后，公司还通过报纸发放了大约 800 万张面值 25 美元的折扣优惠券。

对于约翰逊药品公司的此次危机处理事件，哈佛大学商学院的市场学教授格瑟表示："这是市场学里看到的最成功的危机处理案例。"约翰逊药品公司的危机处理是成功的，体现了该公司领导高层高超的全局掌控力。但令人遗憾的是，有很多企业因为没有处理好危机，直接走向破产。

—— 第四章 ——
创新格局：乐于打破常规，鼓励员工试错

> 企业要想发展，创新是根本。创新关系着全局，要想创新，领导者需要做到积极地接受新事物、勇于尝试、打破常规、注重细节。与此同时，还要激发下属开拓创新的积极性。

敏锐感知环境变化，与时俱进

世界在不停地变，市场也在不停地变。作为企业的领导者，如果没有很强的超前意识，那么至少要及时地保持对新事物的接纳，这样才容易产生奇思妙想并设计出新产品来。

海德·道格拉斯是美国奥什康什公司的总裁，他创业成功的原因主要是靠他迅速接受新事物。在 1895 年到 20 世纪 70 年代将近 80 多年的时间里，他的公司主要生产围裙，这种产品在当时非常适合美国农民耕地、挤奶、喂猪等的需要。

不过，随着农业现代化水平的提高，农民大多改用机械化作业了。

海德·道格拉斯敏锐地察觉到了市场的变化。因此，他在一次高层会议上说："现在社会环境已经改变了。我们不应再以五年前的眼光看待问题，而应该认真地分析市场变化，做好详细的发展计划，并准确无误地实施它。"

在海德·道格拉斯的带领下，奥什康什公司很快就发现了小孩穿的工装裤潜藏着很大的商机。为了证实自己的想法，他果断地做出决策，给儿童用品零售商寄发了直销邮件。零售商试销后，反响很不错，于是订单便

172

如雪片般飞来。从此，道格拉斯把市场的重心放到了努力拓展童装市场上，并且很快打开了新局面。

到了20世纪80年代，道格拉斯知道这个时代的人们对童装的要求越来越高，于是，他为公司制定了新的战略定位——以生产做工精细、时髦漂亮的高档童装为主打方向。这一战略调整使公司的效益实现了一次重大的飞跃，公司的规模也随之不断扩大，终于成了一家世界级的大公司。

到了20世纪90年代，海德·道格拉斯又发现沃马特、克马特、塔甘等大企业占据了童衣纽扣市场一半的份额。为了企业的长远发展，他毅然决定进军童装纽扣市场，这一措施又一次有力地维持了奥什康什公司的市场地位，保证了公司的长远发展。

企业要想生存，就必须积极适应社会的发展，紧随时代的步伐。企业的领导者要对新事物保持积极的接纳态度。世界每天都在变，如果我们能接受新事物，发现新商机，并且迅速地调整自己，随着世界的变化而变化，那么我们所生产的商品就能比别人更快地受到市场的欢迎。

其实，创新并不是说我们的东西必须要跟别人的不一样，有时候，敢于接受新事物，把新的元素加入原来的产品当中，也算得上是一种创新。领导者在完成自己的工作任务时，应该主动去接受新事物。要知道，创新其实就是一种对新思想、变化、风险乃至失败都抱一种欢迎态度的行为方式。

一位年轻有为的炮兵军官上任后，到下属部队视察操练情况。他在几个部队发现了相同的现象：在每组的操练中，总有一名士兵自始至终站在大炮的炮管下面，纹丝不动。军官不解，询问其原因，得到的答案却是：操练条例就是这样要求的。

军官回去后查阅了许多军事文献，终于发现长期以来，炮兵的操练条例仍因循非机械化时代的规则。过去，站在炮管下的士兵的任务是负责拉住马的缰绳，大炮是由马车运载到前线的，以便在大炮发射后调整由于后坐力产生的距离偏差，减少再次瞄准所需的时间。然而现在大炮的自动化和机械化程度很高，已经不再需要这样一个角色了，但操练条例没有及时调整，因此才出现了"不拉马的士兵"。

最后，军官的这一发现使他获得了国防部的嘉奖。

这就是管理界流传很久的"不拉马的士兵"的故事，它告诉了我们一个道理：企业的领导者应该有一根敏感的神经，敏感地应对外部环境的变化，能较早地发现对企业有利的和不利的东西。在现代商业社会，面对激烈的竞争，领导者要有所作为，必须有独到的眼光和勇于接纳新事物的心，这样才能推动企业发展，最后，我们自身才能有所发展。

⬛ 创意的成功始于想法，终于实践

这个世界上有太多思想的巨人、行动的矮子。好的想法就像种子，不去培育，它就只能保持最初的样貌，毫无进展；只有立即行动，用心培养，它才会从幼苗长成参天大树。当然，幼苗在成长的过程中免不了要遭遇狂风暴雨的摧残，但这些都是必需的。大胆尝试，努力去做，总有一天你会有所收获。

十多年前，一个一无所有的年轻人来到美国犹他州的盐湖城，在一家超市找到了一份工作。他工作非常努力，生活非常节俭，他的朋友们都对他的良好习惯赞不绝口。

然而，三年后的一天，他突然辞职了，即使领导愿意给他加薪或者升职，他也毅然要走。离职后，他取出了全部积蓄，一共4000多美元，在纽约的汽车展销处买了一辆新车。当时，汽车还属于很不实用的奢侈品，所以，他所做的这一切，在所有人看来，简直就是疯了，还有一些人嘲讽他简直就是个笨蛋。更令别人不理解的是，他把车开回家后，立即就把它拆卸了，在将那些零件认真研究一番之后，又重新将其组装好。

在此后的很长一段时间里，他反复地拆了装、装了拆。当时，没有人能理解他在做什么，只是觉得他是一个不折不扣的傻瓜。直到很多年后，那些嘲笑他的人们开始闭上嘴巴，因为这个年轻人创建了一家汽车公司，并且不久后成了当时美国汽车工业的领头人。这个年轻人就是美国克莱斯勒汽车公司的创始人沃尔特·珀西·克莱斯勒。

人们经常这样说"成功始于想法"，但克莱斯勒用他的故事告诉了我们：一个人的成功关键在于尝试。敢于尝试就是有格局意识的一种体现，只有大胆地尝试，理想才有可能变成现实；只有在不断的尝试中，才能一步一步地走近成功。一个领导者要让自己在竞争中永远保持优势，那就必须不断地尝试。

发明大王爱迪生在研究什么样的材料才适合做电灯的灯丝时，尝试了1600多种，均以失败告终。有人劝他："放弃吧！"也有人嘲笑他说："你永远不会成功。"但他仍然不为所动，废寝忘食地进行研究。终于，他找到了适合做电灯灯丝的材料，最后研制出了电灯，给世界带来了光明。

在爱迪生众多的发明之中，遇到困难最多、耗费时间最长的要算是蓄电池了。他一共花费了15年的时间才研制成功，在这个试验的过程中共失败了5万多次。当所有人都灰心丧气时，他却乐观地说："我不相信老天是无情的，它一定不会永远深藏着蓄电池的秘密。"终于，他成功了！他的蓄电池被用于火车、轮船上，代替远离发电厂的电力，甚至直到今天人们也在使用这种蓄电池。而蓄电池之所以能够成功，就在于爱迪生敢于尝试又永不放弃的精神。他一生坚持研究，创造了一系列使后人受益匪浅的发明。他的名字熠熠生辉地烙印在史册上，经岁月流洗而不褪色，盛名流传至今。

是敢于尝试和永不放弃，让克莱斯勒和爱迪生的一生大放异彩。

作为领导者，一定要像他们一样敢于尝试，永不放弃。要知道，我们的工作每天都会遇到很多从未尝试过的，甚至从未想到过的事情，此时没有现成的工作模式可循，也没有现成的经验可照搬，在未知的工作领域或让人茫然的突发事件中只有依靠大胆尝试来摸索前进。

鼓励创新，需允许失败

世界是不断发展变化的，企业要想有所发展，就必须跟随着社会的脚步，而要做到这一点，就必须不断地创新、变革来适应社会的变化和需求。领导者也是一样，如果不能主动求变，持续地变化，必然被世界的变化大潮所淹没，在竞争中出局。

在现实中我们发现了一个问题，就是领导者，尤其是企业的领导人天天开会说创新，手下的员工却没有行动的意思，其中主要原因就是员工们担心创新遭遇失败，要承担责任。员工们平时工作好好的，现在你鼓励他们创新，可是创新遭遇失败后，这个责任谁来承担呢？毕竟创新并不是一件容易的事情，在创新的过程中遇到失败是在所难免的。

因此，企业领导者要想提高企业的创新能力，就必须允许大家在创新的过程中失败。如果领导者不能容忍这种情理之中的错误，就永远不能形成良好的创新氛围，不能得到善于创新的人才。领导者必须有格局意识，看问题看得全面一些、长远一些；要有持续的创新精神，还要鼓励大家大胆创新，并且允许失败和犯错。

筑波科技城是日本的"硅谷"，它建成至今已经有 20 多年了。每年，日本人都把最好的大学生送到这里来，但是一直没有取得什么出色的成绩，主要原因就是日本企业不能容忍员工失败。

美国企业却与之相反，大多美国企业的领导者知道要想让员工敢于创新，就要先让创新者打消害怕因失败而遭受惩罚的念头。这些领导者深刻地明白这样的道理：要想进行卓有成效的创新，就得进行不同形式的尝试，并在尝试中保留正确的东西，摒弃那些错误的东西。所以，要进行创新，首先必须建立起"失败后还有明天"的思维，创造更加自由宽松的工作氛围，让"接受失败，容忍失败"成为一种普遍认同的文化。

有这样一家典型的美国企业，其总裁对员工宣扬这样的观点："你们放手去做自己认为对的事情，即使犯了错误，也可以从中得到经验教训，不再犯同样的错误。"在总裁鼓励下，企业的所有员工放心大胆地去探索、实验、发挥创意，为企业做出了很多贡献。

这位总裁经常这样鼓励下属，说："如果你们只知道执行上司认为对的事情，那么你们永远不能取得进步，企业也不能取得进步。"他要求公司的每一个主管必须鼓励和培养员工的创造力和毅力。总裁还说："年轻人大脑里总会出现很多创意，作为领导不应该只懂得向他们填塞那些现有的观念，这样可能扼杀不少本来很好的创意。"

总裁还认为，领导不能把员工的职责范围定得太细、太清楚，这样既不聪明也没有必要。只有领导者把所有员工视为一家人，让大家都有格局意识，他们才能真正地为企业这个大家庭努力奋斗。在他的公司，是不允许随便责罚犯了错误的员工的，解决问题的关键是找出犯错的原因，而不是惩罚犯错误的人。

公司的一位领导曾经对总裁抱怨说："有时公司里出现了问题，我都找不到该负责任的员工。"

总裁说："那就对了，如果真的找出那位员工可能就会影响到其他员工。每个人都有可能犯错，谁也不敢保证自己永远正确，我也不例外。谁也免不了犯错误，尤其是在创新过程中更是如此，但是从长远来看，这些错误也不至于动摇整个公司。错误也许会导致一些损失，但是，如果他真心为企业着想，那么也是可以原谅的。一个员工因犯错误而被剥夺升迁机会，也许会就此一蹶不振，也会影响到其他人为企业做出贡献。假使犯错误的原因找出来了，并公之于众，那么无论是犯错误还是没犯错误的人，都会牢记在心的。"

如果一家企业总是担心创新失败，认为谁失败谁就要负责，那么企业里肯定不会有多少人敢真正地创新，最后企业一定会丧失竞争力。一个拥有格局的领导者要主动打消员工的这种顾虑，允许他们犯错和失败。要知道，这个世界就是如此，很多东西是无法预料的，失败和错误更是创新过程中的有机组成部分。如果没有那些失败的体验，就不可能获得创新的成功，这是颠扑不破的真理。

领导者要想得到正确的东西，就要在不断失败的尝试中寻找，失败的尝试并非坏事，最糟糕的事情是员工因为害怕失败而不敢有任何创新行动。

因此，企业只有建立一种鼓励创新、允许失败的企业文化，员工才会积极主动地进行创新，全体成员都参加到创新工作中来。事实上，真正成功的新构思背后是成千上万次失败的创意，这种失败对企业不但无害，实际上还可能失败和"死胡同"正是下一轮创新的发力点。

从细小处着眼，才能发现创新的"种子"

很多领导者总抱怨自己找不到创新的机会，那是因为他们总是把眼睛放到大事上，而不会从细小处着手，在细节中寻找到创新的"种子"。其实，很多创新跟那些大事没有多大的关系，反而跟那些看起来微不足道的小事有着直接联系。

Pampero 是委内瑞拉的一个番茄酱大品牌，做得相当成功，但是很少有人知道它曾经遇到过致命的危机。随着国家对外开放市场，亨氏、德尔蒙等世界级番茄酱品牌陆续进入委内瑞拉，很快将 Pampero 踢出了第一阵营。

那么它是如何捍卫本土市场，并且向世界突围的呢？

这一切在于 Pampero 公司的领导人发现他们的番茄酱跟那些国家大品牌的颜色有点不同，原因就是制作方法的不同：那些大品牌在自动处理生产线上直接把番茄砸碎做成酱；而 Pampero 公司在搅碎之前，则要把番茄逐个进行人工去皮。

　　这个过程非常耗时耗力，Pampero 公司之所以能够这样大方地"不计成本"，得益于委内瑞拉是发展中国家，人力成本相对较低的优势。但这种优势并不可靠，因为跨国公司同样可以在发展中国家设厂，甚至不用设厂而通过寻找和扶持当地的代理工厂，就能达到同样的低成本制造。

　　起初，Pampero 公司并不能把这个当成自己的唯一优势，并打算引进不去皮的自动化生产流程，以使企业告别落后的生产方式，迈入现代化制造的门槛。不过，最后他们还是打消了引进技术这个念头，他们觉得可以把生产效率低的这个"劣势"转化成营销上的"优势"。因为 Pampero 公司效率低的独特的制作方法——手工剥皮，本身就蕴含着一个定位——最高级的番茄酱。随着科技的不断发展，人们越来越渴望回归自然，体味"原始"的美好。Pampero 最后选择了坚持自己的特色——纯手工去皮。

　　当然，仅有这样一个理念还远远不够，还需要想尽办法让消费者相信，Pampero 就是世界上最高级的番茄酱。为此，Pampero 公司制定了一套宣传方案，告诉消费者食用去皮后的西红柿制成的番茄酱更加干净卫生，色泽更明丽，口感也更鲜美。Pampero 公司还推出了这样一则广告：我们采用精心挑选的番茄为原料，并手工去皮，运用这种传统的纯手工工艺（而不是用冷冰冰的机器），制作出最高级的番茄酱——Pampero！您可以从Pampero 番茄酱与众不同的颜色与口味中，发现它与众不同的价值。

　　正是由于注重如此多的细节，使 Pampero 成功地击败了亨氏、德尔蒙这些国际大品牌在委内瑞拉的扩张，重登国内老大的交椅。

　　可见，细节往往是做一件无从着手的大事情的切入点，更是解决问题的关键。留意工作中的各种细节，很可能给我们带来意想不到的惊喜。

　　"没有精彩的细节，就没有壮观的整体。"每一个细节都有可能影响到局部，甚至影响到整个全局。身为企业的领导者，肩负着控制执行的重任。按道理说，应该避免成为一名微观的管理者，陷入企业日常管理的细节当中，而是要站在一个较高的层面上去控制全局，把握整个企业的执行状况。

从长远角度来说，领导者应该重视培养下属注重细节的习惯。

其实，所谓的格局意识，不仅仅是要看得长远，更主要是要看得全面一些，把当下的一切做好。只有做好了当下，才能谈得上有未来；只有注重了细节，才能谈得上成就大事。尤其是像上文事例中能影响全局的细节，绝对不能忽视。拥有格局，是一种职业责任，它需要领导者在分析问题时要有战略眼光，要做到以小见大。

陆川是某超市的经理。从他上任后，超市每年的营业额都翻了一番。如今，他们超市所经营的物品几乎涵盖了全县所有人的日常生活用品和食品。

要知道，陆川刚被调到这家超市的时候，这里只是一个很普通的生活用品超市，全县有四五家和他们规模差不多的超市，如今却是他们一家独大。

那么陆川成功的秘诀是什么呢？

其实，他的秘诀很简单，就是把商场门口纸篓里面的废纸收集起来。他每天都能从里面找到很多顾客的购物清单，他不用看每天的营业额，就能从中了解到超市哪些商品受欢迎，哪些商品不怎么受欢迎，以及顾客在买东西的时候是如何搭配的，等等。在陆川的带动下，超市总能以最快的速度适应顾客，并且合理地引领顾客超前消费，从而及时把顾客"拉"进了他们的店里。

显然，这就是格局观的最好体现。事实上，巨大的成功往往就潜藏在那些微不足道的细节当中，即使是纸篓的废纸，有时也预示着某些企业的发展方向。

有时候，成功就是那么简单，简单到你都想不到这样也能成就一家企业。日本丰田公司的经验也可以证明，通过细节的创新可能实现对整个企业的不断改善，从而获得巨大的成效。虽然每一个细节看上去都很小，但是这里有一个"小"的变化，那里也有一个"小"的改进，就有可能创造出完全不一样的产品来。如果说创新是一种"质变"，那么这种"质变"必须经过细节"量变"的积累，否则就不可能发生"质变"。关注细节，在创新的思维下化平凡为神奇，更容易把握更多的机会。

营造一个激发创新力的工作环境

在科技发展日新月异的今天，只有那些能够不断创新的企业才能生存发展，因此，领导者必须具备能够激发员工的创新激情，使他们能全身心投入企业创新的发展中的能力。至于怎样激发员工的创新激情，方法有多种，比如创造一个能够激发员工创新力的工作环境就是个不错的途径。

比尔·盖茨是一个十分重视创新的领导者，他有句名言："只有创造者才能享受办公的乐趣。"为了贯彻这一理念，他总是尽其所能地为员工提供良好的工作氛围，竭力满足其对于工作环境的要求，尽可能地使其感到工作愉快，给予其充分的自由，以激发其创新的灵感。他所营造的工作环境，在很多企业家看来甚至有点不可思议。

盖茨对办公室的设计来自他自己的想法。微软提倡的是平等竞争、自由工作的精神，因此，在办公室的设计方面，盖茨也主张平等、自由的风格。微软公司的每一位员工都有自己的办公室，这些办公房间相互独立，面积大小相差不多，就连盖茨本人的办公室也只比普通员工稍微大那么一点。员工在自己的办公室里拥有绝对的自主权，可以自由装饰和布置，也可以放音乐、调整灯光等。微软的办公室是一个绝对私密的个人空间，没有人会来干预你在这里所做的一切。

微软公司充分尊重每个人的隐私权，员工永远不会感受到有人在监督自己，他们可以充分享受创造的自由。在这样的环境里，员工们能充分发挥自己的灵感，挖掘智慧的潜能，因为这里可以使他们保持轻松愉快的心情，充分施展自己的能力。

微软总部跟其他企业很不一样，因为它看起来不怎么像一家企业，反而像一所大学。这里的建筑都比较低矮，到处都洋溢着一种学术的氛围。公司的年轻员工骑着单车上班，甚至可以一直骑到走廊里。微软公司各办公楼门前都建有停车场，在这里，不管是总裁还是一般员工都平等地选择车位，只有次序的先后没有职位的高低。公司的资料室也向所有员工开放，任何人都可以随意去拿他们所需要的办公用品，而不必填表登记，更无须向人申请。员工还可以穿着他们认为最舒适的服装上班，短裤还是汗衫都没问题，有的人甚至光着脚，就像在家里一样自由，而不像某些企业那样上班的时候必须穿工作服。

微软还有一个特点，就是办公大楼的地面上铺着地毯，房顶的灯散发出柔和的灯光，在楼道内随处可见用于办公的高脚凳。微软这样做的目的，就是让员工可以不拘形式地在任何地点进行办公，以便能够及时抓住突然迸发的灵感。在微软的办公大楼内看不到一座钟表，这是考虑到软件开发行业的特点而设计的。因为一旦员工进入了工作状态，就算是时钟的秒针的嘀嗒声也会干扰或打断其思路。

微软公司总部设在西雅图，这是一个阴天多、晴天少的城市，因此，只要一出太阳，就算是上班时间，员工们也可以随心所欲地到办公楼外散心，在楼前的草地上坐着或躺着晒太阳，或者弹吉他、唱歌、打球。当然，他们并不是贪图休闲享乐，反而都非常自律，该工作的时候都非常努力且有激情。为了让员工们玩得开心，公司还会提供免费的饮料。每周五晚上，公司还举行狂欢舞会，以缓解员工的压力和苦闷，消除一周工作的疲劳，并增强企业的凝聚力和向心力，达到相互沟通、增进理解和友谊的目的。

在这样的环境下工作，所有的员工都能充分发挥自己的创新能力。他们通过不断设计出领先于其他公司的产品来回报公司的这种付出，为微软的业界地位做出了卓越的贡献。

做任何事情都需要环境，没有环境就很难激发出潜能。我们并不是说，要每一位领导都要向比尔·盖茨学习，花巨资来打造这么一个环境，毕竟只有少数人才有这个实力。当然，对于一些大企业来说，这种方法确实很值得借鉴。

那么对于大多数企业来说，如何才能营造一个良好的创新环境呢？这里有一个简单并且能迅速起到效果的办法，那就是在条件许可的情况下创造下属想要的环境。要想下属们努力创新，那么作为领导者，就必须对他们极致信赖和支持。要让下属知道，公司怕的是你没能力、没胆量、没想象力，提不出恢宏的计划。如果你有想法，只要你提出来，公司就一定会认真对待，只要对公司全局有利，公司对有想象力的计划绝对支持到底！

—— 第五章 ——
管理格局：容人、容事、有担当

> 管理工作最能体现领导者的格局。领导者只有具备容人容事的雅量、以身作则的担当，才能带出一个极具战斗力和凝聚力的团队，才能和大家一起披荆斩棘，使企业走上发展的快车道。

■ 接纳与己不同的个性和做事风格

美国成功学大师戴尔·卡耐基在其著作《关爱人》一书中说道："一个能够从细微处体谅和善待他人的人，一定是一个与人为善的人，必定有很好的人缘，这种人缘就是他成功的基石。"

事实虽如此，可在职场这个充满着利益博弈的圈子中，领导想要得偿所愿地做好管理工作绝非易事。之所以难，很大一部分原因是很多人对自己的领导、同事或者下属没有一份宽厚的胸怀。身为领导，往往不敢对自己不太喜欢的人委以重任，即便人家有才有能。退一步说，即使要用此人，也会老是挑其毛病。当然，对方在这样的环境里要想做好工作是极难的，最后要么请求调离，要么辞职走人。

因此，作为领导者需要有很大的包容心。一个领导没有包容心，就会计较这计较那，就谈不上有任何格局意识，也就很难做好管理工作。

美国总统林肯就是一个很能包容下属个性的人。

美国南北战争刚开始的时候，年轻英俊的麦克里兰将军带着一支小部队进入西弗吉尼亚，打败了几股南军。其实，这只是几场小战而已，但是麦克里兰却高调地向外发出了几十份精彩又夸张的快报，向人民宣布他的成果。

牛径溪之役惨败后，林肯让他统领北军，可是他整天整军备战和夸夸其谈，却不付诸行动。林肯再三催促，他总是寻找各种借口拒绝出击。

安蒂坦战役之后，将军李其蒙战败，麦克里兰的军队远比李其蒙将军的多得多，可他就是不肯追击。林肯一连几星期通过各种方式催他追击李其蒙将军——写信催、打电报催、派特使去催。最后麦克里兰竟说："马儿累了，舌头疼，它无法行动。"

半岛战役中，马格鲁德将军仅用5000个兵力便轻松地阻挡了麦克里兰的十万大军。麦克里兰不往前攻击，只是筑起城垛工事，一再要求林肯加派人手。

林肯说："如果我真的派十万人去增援，他就答应明天追击李其蒙。等明天到了，他又拍电报说他探知敌军多达40万人，没有后援他无法进攻。"

战争部长史丹顿说："麦克里兰就是这样的人，如果他的手里有100万名士兵的话，他就会发誓说敌军有200万人，然后坐在泥地上嚷着要300万人。"

除此之外，麦克里兰对林肯还十分无礼。

有一次，麦克里兰晚上11点才回到家里，用人告诉他林肯来了，并且已经等候了数小时。麦克里兰从林肯坐着的房间门外走过，直接上楼，再派人对林肯说，他已经上楼睡觉了。这件事被报纸大肆宣传，华盛顿人人议论不休。

林肯的夫人泪流满面地恳求林肯把"那个只会空谈的专家"给换掉。

但林肯却说："夫人，我知道他不对，但是在这种时候，我们不能只顾着自己的好恶。只要麦克里兰能为我们打胜仗，我愿意替他提鞋子。"

从上面这个故事，我们可以明白为什么美国人把林肯称为美国历史上最伟大的总统了。格局意识是领导应有的职业品格；在这一点上林肯是一个典范。

工作中我们会发现，每个人都有自己的性格特点，有些我们喜欢，有些则不喜欢。如果领导者仅凭自己的好恶，就把那些自己看不惯的下属打入"冷宫"，不愿意与其交往，这无疑是心胸狭隘的表现，也是对人对事判断不够客观的体现。因为这个世上没有完人，也极少有真正一无是处的人。如果换个角度去观察，我们会发现其实每个人身上都有值得自己学习的地方。

民间有句俗语："百人百姓，千人千面。"每个人都有着不同于他人的个性习惯，也正因为如此，人们才各有所长、各有所短。古代圣贤孟子曾说："君子莫大乎与人为善。"要想做一个为人称道、功成名就的君子，就要学会善待他人，这是任何想成功的人都必须遵守的规则。尤其是在当今这样一个需要合作的时代，要想获得更多人的合作与帮助，就更需要宽厚待人、与人为善，不仅要与周围的同事及下属和谐相处，更要包容上级的做事风格。

张小天是一家食品销售公司的销售经理，当说起自己如今的成就时，他总说要归功于他的上级老张。张小天刚进这家公司的时候，只是个小小的销售员，在老张手下做事。

老张是个性格谨慎、做事严谨的人，总是板着一副严肃的面孔，对下属的工作要求也极其严格，几乎到了鸡蛋里挑骨头的程度。张小天认为已经做得很到位的工作，但在老张看来还是存在很多问题，他被老张训斥批评简直就是家常便饭。所以，一开始张小天对老张充满了愤怒和不满。

但在听别人说完老张的奋斗历程后，张小天开始佩服起他来。据说那时的老张也是一名默默无闻的销售员，刚到这个城市的时候穷困潦倒，甚至还睡过天桥桥洞和公园的石凳，3块钱就能过一天。后来凭着自己的勤奋和认真，一步一步从销售员做到了如今经理的职位。

张小天还发现，老张最明显的做事风格就是认真仔细，绝不容许自己或下属犯不该犯的错误。虽然做销售的经常会有应酬，但他从来不喝酒、不抽烟。奇怪的是，客户并没有因这些而反感他，反而对他很信任，和他相处得非常融洽，原因就在于他的认真。

在渐渐了解了老张之后，张小天开始冷静地反思，尽管老张的个性有时候令自己很不舒服，但是他身上有自己值得学习的地方——认真和严谨。此后，每当老张再批评张小天时，他都在心里告诉自己：老张说得对，我要认真，再认真。慢慢地，他习惯了老张的挑剔，并从中受益，他自身的一些缺点也因为老张的影响而发生了改变。

其实老张也明白自己的臭脾气很不招人待见，没有多少人能一直容忍，可是张小天不但容忍了下来，还一直努力学习着。渐渐地，老张也对这个心胸宽广又肯努力的下属刮目相看，经常委以重任，这才有了张小天今天的成就。

作为一名领导，我们不仅要包容下属的个性，也要包容上级的个性。包容了别人，其实也等于成就了自己。试想，如果张小天看不到老张古怪个性之外的优点，他就不会认真完成自己的工作，那么他若想取得现在的成就，恐怕就要等到猴年马月了。

影响是相互的，一旦我们用宽容的心态去欣赏别人，那么对方也会接纳和欣赏我们，我们的发展之路也就会轻松顺畅许多。俗话说，人们的个性有方有圆。你是方，他是圆，虽然不同形，但只要有一颗宽厚的包容之心，方和圆也能和谐相容。

■ 善于任用比自己强的人

领导者要学会用比自己强的人，美国钢铁大王卡内基的墓碑上就刻着一句这样的话："一位知道选用比他本人能力更强的人来为他工作的人安息在这里。"这也是卡内基成功的秘诀，他之所以能成为钢铁大王，并不是他有什么太了不起的能力，而只是做到了很多人都没有做到的一点——敢用比他强的人。

　　卡内基还说过这么一句看似非常狂妄的话："把我的厂房、机器、资金全部拿走，只要留下我的人，四年以后我又是一个'钢铁大王'。"他讲这话的时候充满了自信，而这种自信源于什么？那就是他善于用人的能力。下面这个故事就能很好地说明这一点。

　　齐瓦勃是卡内基钢铁公司下属布拉德钢铁厂里的一位普通的工程师。

　　一次，在布拉德钢铁厂产品开发与研制会议上，与会高管们在产品是继续升级还是适应市场的问题上一直僵持不下。厂长觉得应该顺应市场需求，以便扩大市场份额，战胜竞争对手。但适应市场就意味着沿用原有技术，因为一旦利用新技术，将大幅度增加成本，市场一时难以接受。

　　副厂长则主张产品升级，以便始终保持技术领先，争取高端客户。但产品升级意味着产品价格上升，价格也会相应提高，市场份额可能减少。

　　双方说得都很有道理，而且都是为了公司着想，卡内基也不知道该听谁的好。

　　这个时候，作为列席人员参加的齐瓦勃站了出来，他对着参加会议的这些人说："为什么不把车间一分为二呢？"

　　厂长马上反驳道："我们的车间本来就不大，再一分为二，岂不是什么都干不成了！"

　　齐瓦勃说："难道我们不能另选地方，找一个小一点的车间吗？"

　　厂长说："哪里还有地方？"

　　齐瓦勃说："如果必须而且紧迫，没地方，我们就用马路。"

　　"是啊！如果不想影响生产，又想技术升级的话，为什么不能用马路呢？"参加会议的人纷纷赞同齐瓦勃的话。

　　不久后，卡内基就认命齐瓦勃为布拉德钢铁厂的厂长。

　　齐瓦勃没有让卡内基失望，在他的管理下，这个工厂迅速成为全美钢铁行业的佼佼者。也正是因为有了齐瓦勃，卡内基才敢面对行业对手底气十足地说："什么时候我想占领市场，市场就是我的。"

　　有些竞争对手不服气，但最后都被卡内基超越。三年后，表现出众的齐瓦勃又被卡内基任命为钢铁公司董事长，成了卡内基钢铁公司的灵魂人物。

在齐瓦勃担任董事长的第七年，当时控制着美国铁路命脉的大财阀摩根提出与卡内基联合经营钢铁。

一天，卡内基递给齐瓦勃一份清单说："按上面的条件，你去与摩根谈联合的事宜。"齐瓦勃接过来看了看，对卡内基说："如果你按这样的条件跟摩根去谈，你肯定会损失一大笔钱。"

卡内基知道齐瓦勃不可能无缘无故地说这些话，经过分析后，他承认自己过高地估计了摩根，于是便全权委托齐瓦勃与摩根谈判，终于取得了对卡内基有绝对优势的合作条件。

一个领导者敢用比自己强的人来做事，说明他有着宽广的胸怀，更体现出他把公司的利益放在第一位。

作为领导者，必须具有和善于使用比自己强的人的胆量和魄力，在企业内部激励、重用比自己更优秀的人才，让企业变得越来越有竞争力。

有些领导者之所以不愿意用比自己强的人，不是因为他发现不了优秀的人才，而是嫉贤妒能的心理难以克服。他们总认为既然自己是领导，那么就应该在各个方面比别人高上一等，一旦遇到比自己强的人就萌生妒意，采取各种办法打压他们。

一个部门的领导如果嫉贤妒能，那么部门的整体工作就不可能做好；一家公司的领导如果嫉贤妒能，那么这家公司肯定早晚都要关闭。为什么这样说呢？因为一个能力比领导强的员工得不到重用，可能就会感觉领导在故意打压自己或自己不被公司重视，那么多半会辞职，另谋去处。这样，领导者实际上是在削弱自己的力量，增强竞争对手的力量。

甲骨文股份有限公司简称甲骨文公司，它是全球最大的数据库软件公司，该公司的多项研究成果都获得了世界大奖。该企业成功的秘诀就是不断地提倡要使用一流人才。

甲骨文公司总裁埃里森说："领导者一定要学会使用比自己强的人，要学会用你的老师——每个比我强的人；要学会用在某个领域比自己强的人，这些人就是专家。企业经营的过程，其实就是一个不断寻找'老师'的过程；而甲骨文能够快速发展到今天，也就是因为'老师'找得多、找得准。"埃里森明白，能不能找到最好的人、有没有找到最优秀的人的眼光，直接关系到企业的成败。最大的投资失误，不是某个项目的得失，而是没有找对合适的人选。

用一流的人才才有可能造就一流的公司。话说回来，领导者之所以妒忌比自己强的下属，是因为担心下属会取代自己的位子。其实，完全没有必要有此担心，因为敢于用比自己强的人，而且把对方放到重要的位置，上级会觉得这样的领导者有格局。即使让下属顶替某个领导者的位置，也绝对不会亏待这个领导者，很有可能把他调到和原来差不多的位子上，而这个位置可能更加适合他。

很多人都说，刘邦是一个庸才，连他自己也承认，自己有很多地方都不如下面的人，但是他有一个长处，那就是敢用比自己强的人，结果夺得了天下，建立了大汉王朝。而刘邦的对手项羽对军师范增表面尊敬，称其亚父，但是在关键时刻总是限制范增发挥他的能力，再加上项羽自己性格的缺陷，结果落得乌江自刎的失败下场。

作为领导者，只有用好人、用对人，才会使公司逐渐形成良性循环。若想使公司充满生机和活力，就必须选贤任能，雇请一流人才，而不能"武大郎开店"，害怕对方超过自己。

🔋 主动承担责任，做下属的"挡箭牌"

企业的领导者是为领导而"生"的。领导犯错了，却让下属来背黑锅，首先就可以证明他不是一个合格的领导。即使下属犯错了，作为领导者，也担负着主要责任。对这一点，联想集团创始人柳传志很是赞同，他曾说："当部下犯了过错以后，领导者显出无能为力，他就应当承认自己是一个失败的领导者。一个推卸责任的领导者，他就不能当一个领导者，因为他不具备一个领导者应具备的基本素质。"

郭海是一家大型汽车制造公司的车间主任，有100多名安装技工在其管辖范围之内。

有一次，他跟几名员工一起安装一部高级小轿车。安装完毕后，总裁和几个朋友到车间巡视，其中一位朋友发现了小轿车在安装上出现的失误。

这时，郭海主动向总裁承担责任，说是自己把关不严，没有尽到责任，并保证在最短的时间内重装这辆轿车。总裁当着大家的面称赞郭海有担当，值得下属学习。

很快，在郭海的带领下，这辆小轿车如期重装完成，也得到了总裁的褒奖。

有着"现代管理学之父"之称的彼得·德鲁克曾多次撰文谈过责任的重要性。在他的著作《管理实践》一书中，多次谈到"责任"两个字；在《管理：任务、责任、实践》这本书里，他还多次指出，管理就是管理任务、承担责任、勇于实践，而承担责任则是管理的核心。

当所有的员工都"不负责任"时，这个企业也就不可能真正地为顾客着想，因而也就不可能生产出顾客真正需要的产品，最终会被市场抛弃。一个逃避责任的领导肯定是一个缺乏格局意识的人。因为下属是奉领导的命令去执行任务，若最终结果不理想，肯定是领导的决策有误或者监督不够。作为领导，必须勇于承担责任，不仅要承担自己犯错后的责任，更要主动承担下属犯错的责任。

🎩 妥善授权，为员工提供锻炼的机会

作为领导者，必须具备一种能力，那就是授权。很多领导在授权的时候会问自己很多问题，比如，他会按我说的做吗？他能实现我的想法吗？说得直接一些，领导不肯授权的主要原因是很难做到相信别人。但是你要明白，你不是超人，即使你的精力再旺盛，也很难做到一个人做好所有的事。

张兴宝是一家公关公司的经理，他每天要面对数不清的文件，还要经常接待客户。他经常抱怨，说自己要多长一双手或多长一个脑袋就好了。很明显，张兴宝已感到十分疲惫了。他也曾经考虑过添个助手，或者将权力下放给下面的客户部负责人和媒介部负责人，可最后还是制止了自己的一时"妄想"。因为他认为，这样做的结果只会让自己多看两份报告，与其如此，还不如自己亲力亲为。

上至公司中层管理，下至普通员工，都知道经理将权力掌握在自己手中，公司每项工作都需要经理安排，所以他们做任何事都需要经理下达指令。于是，公司里常常出现这样一幕场景：张兴宝刚走进办公室，门口就有好几名下属排队等候他签字，或者指示。

终于有一天，张兴宝忍不住了。他告诉几位中层管理者，让他们自己拿主意，尽量不要凡事都找他。刚开始，大家都不习惯，因为他们已养成了奉命行事的习惯，而今却要自己拿主意、做决定，因此有点不知所措。但这种情况没有持续多久，公司就又开始有条不紊地运转起来，下属们的决定非常及时并准确无误，公司几乎没有出现什么差错。

张兴宝也开始真正有了"一家之主"的感觉，这时他才体会到自己是公司的经理，而不是个什么事都包揽的"管家婆"。

从上文的事例中，我们可以看出高度的集权管理只会使领导精疲力尽，使公司运行缓慢。好在，故事中的张兴宝终究还是"开窍"了，他大胆下个部门放自己手中的大部分权力给各个部门主管，给他们充分发挥自己优势的机会，结果非但没有出现令他担心的状况，反而每个人都可以各显其才了。

电影《杜拉拉升职记》的故事也能很好地说明这一点。

起初，杜拉拉在玫瑰手下工作时，事无巨细都要一一请示汇报，然后才能去执行。这样的结果就是杜拉拉做起事来瞻前顾后、缩手缩脚，工作能力也没有明显提高，为此她郁闷不已。

待到玫瑰暂时离开公司后，杜拉拉直接归李斯特管理。李斯特的管理方法很人性化，进行一项工作前，杜拉拉只要和他进行简单的沟通，他就放手让她去做。在这样的管理下，杜拉拉充分发挥了主观能动性，工作能力大大提高，成为李斯特的得力干将。

在我们身边像李斯特这样的领导并不多见，相反，像玫瑰一样喜欢大权在握的领导却不少见。这样的领导或许认为凡事只有自己插手才放心，才能做好，实际上，这种做法对下属及整个团队的成长极为不利。对下属来说，在这样的局面下，即使有才能也未必施展得出来。而团队是由一个一个下属组成的，如果大家都这样，那么团队还有什么发展可言？

另外，领导们也需要清楚，一个人的精力是有限的，成功的人能在有限的精力内做出无限的业绩来，而事必躬亲的领导虽然把有限的精力耗光用尽，收获却往往少得可怜。作为一个合格的领导、一个真正拥有格局意识的领导，正确的做法就是把权力下放，让下属跟自己一起承担责任。

有专家曾发布过这样一份资料："管理者80%的工作都是可以授权的，诸如日常事务性工作、具体业务工作、专业技术性工作、代表其身份出席的会议、一般客户的接待等。管理者本人只需做诸如企业发展战略决策、重要工作目标的下达、人事的奖励与惩处以及员工的规划与晋升等20%的工作。"

总而言之,作为领导,应该以身作则,但不必事必躬亲。否则,不仅自己忙得不可开交,下属也得不到应有的锻炼和成长,企业的发展也必将受到局限。既然授权、放权如此重要,那么,领导者们该如何授权呢?

1. 信任是授权的前提

俗话说,用人不疑,疑人不用。举个例子,当一个老司机坐在一个新手的车里时,往往比新手还要紧张,不是担心新手方向盘掌握得不好,就是担心他油门踩得不好,而同样的问题也存在于教练和学生中间。然而,不给新手开车的机会,新手又怎么能变成老手呢?因此,当领导给下属授权时,应当充分信任下属,这样不仅能增强下属的信心,提高成功率,还能让下属有被重视的感觉,有利于提高其责任感、归属感。

2. 选好对象

有效授权最关键的一步,就是要选择一个正确的授权对象。在授权之前,领导要对自己的下属进行细致的考察和分析,包括每个人的特点、优点和弱点等,应该将权力授予最合适的人。

3. 明确目标

亚里士多德说过:"要想成功,首先要有一个明确的、现实的目标,一个奋斗的目标。"授权行为也是如此。在授权的过程中,必须让下属明确了解领导所期望达到的目标,并告诉下属怎样做或用什么方法去执行才能达到这个目标。授权后不需要时时监督,更不需要用自己的方式去影响被授权的下属,除非下属主动向你求助。作为领导者,你只需在必要时给予下属一些相应的指导就可以了。

4. 授权不授责

授权并不意味着将责任完全推给下属之后就可以撒手不管了,作为领导者,要保留对这项工作的知情权和控制权,同时还要为下属承担一部分责任。要知道,即使你把这项工作和权力完全交给下属,也并不意味着结果的好坏与你无关,领导永远都是最终的责任者。

🛎 把工作激情传递给团队

联想集团的领导曾经说过这么一句话："领导者必须要有事业心、上进心以及责任心。领导者只有对自己所从事的事业充满激情，才能不断地超越自己，并得到满意的结果。"

领导对工作的激情，不仅能影响自己的干劲，同时也能影响周围每一位员工的状态。一个对工作没有激情，或者说不会激励员工的领导者是不可能成功的。

"我很有激情，通过我的激情来感染我的团队，让我的团队也有激情，这才是我真正的激情所在。""激情分子"杰克·韦尔奇登上了通用电气总裁宝座时如是说。

这说起来似乎很简单，但真正做到这一点似乎就不是那么容易了，毕竟韦尔奇刚上任不久。

韦尔奇清楚地记得，刚来到通用电气时，在他带领的由数十个总经理组成的管理团队当中，没有一个是他选拔的。要让这些经理们一下子就接受他的想法，当然很难；还要求他们有激情，几乎是不可能的。传统认识上，这至少要有个磨合的过程。但他做的首先是显示出自己对这份工作的激情。

那么杰克·韦尔奇是怎么做的呢？

他知道，任何一个新任总裁做的第一件事，一般就是做人事变动，所有的高层最担心的是被这个"洗牌"给"洗"出去。因此他首先就真诚地对他们说："你们一定很困惑、很彷徨，甚至有些担忧，其实这些完全没有必要，因为在未来半个月之内，我不会做任何人事调整，让我们在这段时间，把手上该做的事情都做好。"经过这一步，大家对他的信任感一下子加强起来。

韦尔奇还特别喜欢演讲，每次出差到分公司，他都会抽出一个晚上的时间，给分公司所有员工做个演讲。除了工作专业知识以外，韦尔奇还告诉他们如何看待自己的职业生涯，在职业生涯里应具备什么样的态度，如何让自己做好准备，等等，以提升他们的信心。每一次演讲总能让听者热血沸腾，备受鼓舞。

如果一家企业的领导对工作都没有激情，下面的人怎么会有激情呢？换言之，要想企业稳定发展，企业的领导必须对工作保持激情，并且要把自身的激情传递下去，鼓舞下属们努力地工作。

软件银行集团董事长兼总裁孙正义是个对工作很有激情的人，他曾经说："当我大脑里产生了一个想法后，如果我不能把它实现的话，我会一直都睡不着。"

无独有偶，比尔·盖茨也有句名言："每天早晨醒来，一想到所从事的工作和所开发的技术将会给人类生活带来巨大的影响和变化，我就会无比兴奋和激动。"这句话阐释了他对工作的激情，而他也将这种激情传递给了其他人。

受到比尔·盖茨的影响，"激情"也一直被作为微软的企业精神而延续着。

一位在微软工作的人说："在微软工作，热情与聪明同等重要。没有热情，你在和客户交流的时候就很难说服他们。"每当公司举行全球性的公司内部会议时，许多的人聚集在一起，每个人的脸上都洋溢着对技术近乎痴迷的狂热和对客户发自内心的热情，这样的会议通常是在大家的欢呼，甚至热泪中结束的。

还有一位研究员经常对公司的领导说要去见"女朋友"。一个偶然的机会，公司领导在办公室看到了他，就问他不是去见女朋友了吗？这位研究员指着电脑笑着说："这就是我的女朋友呀。"

所有进入微软工作的员工，每时每刻都保留着对工作的热情，而正是凭借着这种超乎常人的激情，他们共同打造出了雄霸世界的微软帝国，并在行业内始终处于领跑的位置。

　　某顾问公司曾经对数百家企业的 1000 个年轻员工做过一次问卷调查，其中，有一个问题是这样的："你心目中理想的领导该具备什么样的条件？"让人有点意外的是，在答案中占最多比例的是："强而有力，充满热情，值得信赖、依靠。"可见，激情是追随者眼中领导者所必不可少的素质之一。

　　激情是一种力量，一个死气沉沉、没有一点激情气氛的企业是不会有多强大的竞争力的。企业的领导必须有激情，要有火一般的精神。要知道，一个人一旦失去了激情，就失去了作战的勇气。作为企业的领导，务必保持对工作的激情，如果领导者能对工作保有激情，就很可能带来奇迹。一个对工作充满激情的人，不论正在从事的工作有多么困难，或需要多长时间来完成，他始终都会用充满激情的态度去认真完成，那么我们自身及我们的团队必将走向成功。

● 让尊重成为自身的行事准则

　　很多人的心中一直有这样的观点：你敬我一尺，我敬你一丈；你不尊重我，那我也不尊重你。如果领导者能尊重下属，那么他们就会从内心深处尊重你。如果企业里员工们都互相尊重，那么就能营造一个良好的工作氛围。这样一来，整个团队的凝聚力自然增强，工作效率及发展力也必然随之增强。

　　有位下属违规停车，以致挡住了别人的通道。

　　有个上司冲进工作室很不客气地问："是谁的车子挡住了通道？"等这位下属回答之后，这位上司厉声说道："马上把车子移开，否则我叫人把车拖走。"

　　说完，这位上司气呼呼地走向自己的办公室并且摔门而入。在外间办公的下属们面面相觑，心里对他们上司的做法都颇有微词。

这个下属犯的只是无伤大雅的小错，却遭受到了领导严厉的批评。从那天开始，不只是停错车的下属对那个上司心存不满，甚至别的下属也常常故意捣蛋，跟他过不去。

可见，没有尊重的团队就没有凝聚力。下属犯错了，是该批评，但是要适度。比如，这个领导可以好好地询问，然后建议这位下属移开车子，好方便别人进出。相信这个下属肯定会同意他的建议并乐意按他的吩咐去做，这样也不至于引起其他下属的公愤。

在一个企业里如果失去了对彼此的尊重，就很容易产生内讧，这样的企业怎么能把大家的力量凝聚在一起呢？

可以说，不懂得尊重别人的人就等同于"自掘坟墓"。眼下你为了图一时痛快这么做了，但痛快过后等待你的将是他人的决绝而去。那些优秀的领导者都知道，尊重他人在生活和工作中都是至关重要的，所以，不管在什么时候，他们从来不会践踏别人的尊严。

"尊重"这个词说起来容易，做起来却很难。有些领导总觉得自己高人一等，完全没有必要对所有人都做出一副尊重的姿态，颐指气使一下也是可以的。其实不然，作为领导，在企业里的地位是高一些，但是请别忘记，每一个人的人格都是平等的，你不尊重别人，别人何必要尊重你。作为一个领导者，要想让下属把你的话放在心上，首先就要尊重他们。尊重，也是衡量一位领导者成功与否的标准。

在这方面，"经营之神"松下幸之助可谓深谙其道。

一次，松下幸之助带着几名高层来到了公司的餐厅吃饭。一行人都点了牛排，除了松下只吃了几口，其他的人都津津有味地吃了起来。

看到大家用完餐后，松下便让助理去请烹调牛排的主厨过来。

松下特别强调说："不要找经理，找主厨。"

助理这才注意到，松下的牛排只吃了几口，心想过一会儿的场面可能会很尴尬。

主厨很快就过来了。他很紧张，因为他知道请自己过来的人是大名鼎鼎的松下先生。

"有什么问题吗，先生？"主厨紧张地问。

"你烹调牛排的技术很不错。"松下说，"但是我只能吃几口。你看看，我如今都80岁高龄了，胃口大不如从前。"主厨与其他用餐者因困惑而面面相觑。

过了好一会儿，大家才明白这是怎么回事。松下说："我叫他过来，是想告诉他，不是因为他的厨艺有问题，而是我年龄太大了，吃这种牛排已经没有什么胃口了。那样，他才不会因为看到被退回来的牛排而难受。"

松下的言行举止，就体现出了一位成功企业家本应具有的品质——尊重。也正是松下这种处处尊重他人的行为，让其公司的员工素质越来越高，企业的凝聚力越来越强。

1949年，37岁的大卫·帕卡德参加了一次美国商界领袖的聚会。与会者就如何追逐公司利润侃侃而谈，但帕卡德不以为然，他在会中说："一家公司有比为股东挣钱更崇高的责任，我们应该对员工负责，应该承认他们的尊严。"

帕卡德在造就硅谷精神方面所做的贡献恐怕超过了其他任何CEO。他会尊重并欣赏每一个人的态度，对周围人和企业的影响深远。正是创始人帕卡德这种尊重别人的思想和精神，才缔造出今天惠普这样一个产业帝国。

很多领导者总是埋怨身边没有人才、找不到人才，或者总是叹息人才的流失，其实，他们应该好好反省反省自己有没有做到尊重对方。一个领导者要想使自己的企业人才济济，首先就要做到尊重人才，也只有尊重人才，才能确保企业全局的持续稳定。

领导尊重了员工，员工不仅会尊重领导，还会敬佩领导。他自己也会受其影响去尊重别人，最后很有可能因为领导的尊重而让整个企业的人都互相尊重。

主动帮助下属排忧解难

俗话说，领导有领导的难处，下属有下属的难处。作为领导者，要承受许许多多的压力，其中包括上司给予的压力、同事给予的压力以及下属给予的压力。

若想成为一群人的领导者，带领他们开创一番事业，那就必须有过人的管理技巧，比他们看得更远、更全面，否则就只能空自吆喝而没人响应了。当下属在工作上有烦恼的时候，领导者有责任帮助他们化解。要知道，领导的利益和下属的利益是联系在一起的，下属成功了，领导才能成功，而领导工作的主要责任就是如何管理和领导下属工作。实际上，帮助下属化解烦恼，也是在化解自己的工作压力。因为下属只有少一点干扰、少一点烦恼，才能发挥出其本来的能力。

李健在一家企业担任秘书，由于他精明干练、勤恳卖力，不但在所在企业上上下下打点周到，就连其他一些关联单位也在李健的努力下与他们企业联系密切。

总经理看在眼里喜在心上，认为李健是不可多得的人才，自己得好好犒劳犒劳他。不到两年的时间，领导就几次破格提拔李健。就这样，李健在公司里显得十分耀眼。

然而，好景不长，公司里开始传出各种不利于李健的谣言，有人说他是总经理的亲戚，也有人说他利用公司为自己拉关系，还有人抱怨给他升职加薪不公平。

俗话说，天下没有不透风的墙。李健本人也听到了这些谣言，他担心谣言再起，就选择尽量少出风头，士气自然也有所下降，工作效率也大不如从前了。

谣言同样也传到了总经理的耳朵里，于是他明察暗访，得知有人从中作梗，便在大会上严厉批评这股不正之风，立下"再有无故生事者，立即解雇"的规定。

这样一来，李健又开始回到从前的状态，公司也恢复了活力。而公司中其他像李健这样努力工作的人看到领导能够为下属做主，心里也都有了底，做起事来也更加安心了。

领导者必须正确地对待下属，要为下属撑腰，学会与他们交往沟通，视下属为自己的得力助手，让下属抛却烦恼，轻装上阵，这样才能顺利完成工作。身为领导者，只有主动地理解与解决下属的个人问题，才能有效地利用人力资源，化解自身的压力，并促使公司里的员工产生凝聚力。

帮助下属化解烦恼，其实就是格局观的一种表现。现在很多企业经常开展一些活动，除了增强凝聚力，使员工更加团结之外，还有一个原因，就是给领导者提供机会，解决下属们的烦恼。而领导要想化解下属的烦恼，首先就要与其进行心灵的沟通，也就是说要先了解下属烦恼的症结所在。只有这样，才能"对症下药"，然后才能"药到病除"。当领导这样做的时候，要注意以下两点。

1. 使用恰当的关切语言

为了让下属对自己产生一种亲切感，很多领导者采用请吃饭这种方式。比如有一个领导者觉得某个下属最近工作不怎么积极，好像有心事，于是到了下班的时候就走到该员工身边，亲切地对他说："小张啊，最近大家工作都很忙，我也没有时间请你吃饭，要不，今晚我们一起出去吧！我还有一些事情要跟你谈谈。"

在吃饭的时候，领导就可以询问下属工作中遇到了什么问题。不过，对于下属的一些私事不该多问，以免引起下属的反感，反而会增加其压力。

2. 选择合适的环境

合适的环境也是非常重要的一点，如果你选择在下属工作的时候与其进行交流，那么很可能影响到其他下属的情绪，并且当事人心里也不会有安全感。因此，最好选择一个让员工有安全感的地方，例如在一个无人的办公室或办公楼楼下的小花园，这样你与下属沟通时就不会受到干扰，可以让他轻松自在地说出心中的烦恼。

在了解下属的烦恼症结以后，要"对症下药"，尽自己最大的努力帮助下属解除烦恼，与他一起渡过难关。身为领导者的你必须明白，下属是你的同路人、你的依靠，更是公司内部不可缺少的成员，只有帮助他们化解了烦恼，才能与他们保持团结，共同为公司的发展而努力。

—— 第六章 ——
压力格局：敢于承担压力，善于利用压力

> 人们常说"有压力才有动力"。从某种意义上说，压力是把"双刃剑"，压力是动力的来源，从一个领导者是否敢于承受压力，可以看出他勇于拼搏、甘于奉献的信念有多强，他的责任心有多强。

📖 企业需要的是敢于挑战压力的人才

一个真正拥有格局意识的人，肯定是一个不畏困难、具有强大抗压能力的人。这些人是所有企业最渴望得到的人才，即使他们暂时的能力不是很强，但是只要他们在公司需要自己的时候敢于挑战压力、挑战困难，那么他们就是企业里最值得培养的人。

年仅 36 岁的张杰已经成了 J 集团的总经理。那么，他是如何取得这么大的成就的呢？这一切还得从 10 年前说起。

10 年前，张杰从美国加州理工学院取得计算机专业硕士学位。同一年，张杰进入了 J 集团。他来到 J 集团的时候，是想成为一名计算机研究人才，但是最后被安排去做调度，因为当时 J 集团并不缺少计算机研究人才。

如果是其他人恐怕都会觉得自己有点大材小用，要知道，那时硕士可是很高的学历。

J 集团如此安排工作，张杰完全可以给自己找很多理由另谋出路，但是他接受了公司的安排，并且做得非常好。

后来，张杰被调到了一个研发中心，负责一个产品的研发，他在这个

部门也做得很不错。那个时候，J集团还准备派一批优秀的人才出国培训，张杰争取到了这个机会。就在这个时候，J集团的总裁找到张杰，对他说："你就别出国培训了，你先负责PC电脑的营销。"

张杰说："不出国就不出国吧。"结果在张杰的带领下，经过三年的时间，J集团成了国内最大的计算机生产企业之一。J集团就是在以张杰为代表的有格局观念的领导者们的带领下得以迅速地成长起来。

企业要想发展得快，要想尽快缩短与国际知名企业的差距，那么就需要很多像张杰这样具有格局意识、敢于挑战压力的人才。

在困难和压力面前，很多人都会退缩，但是真正具有格局观念的人敢于直面压力和困难。一家企业只有多一些具有格局意识、敢于挑战压力的人，才能得以发展，同时领导者自身也会有所发展。

老陈的全名当然不叫老陈，人们之所以这样叫他，是因为他的年龄比较大，又在这家公司工作了多年。

以前老陈主要负责跑业务，深得上司的器重。但是有一次，他手里的一笔业务让另一家公司抢走了，给公司造成了很大的损失。事后，他解释了失去这笔业务的原因——在半路上，自己的腿伤突然发作，结果比竞争对手晚到了半个小时。

其实，业务被抢走，对于一个业务员来说是一件很平常的事，但他因为那件事，在以后的工作中经常推卸一些比较棘手的业务，如果有比较好揽的业务时，他就跑到上司面前，说脚不方便，要求在业务方面有所照顾，请求让他去做比较好做的业务。

老陈有一只脚的确有点跛，是一次出差途中出车祸造成的，但根本不影响他的形象，也不影响他的工作，如果不仔细看是看不出来的。但是自那件事后，他把大部分的时间和精力都花在如何寻找更合理的借口推脱困难业务上。时间一长，他的业绩便直线下滑。没有完成任务，他就怪他的脚不争气。后来，他还因为脚的问题，养成了迟到、早退的坏习惯，在公司里影响特别不好。最后，领导看在他是老员工的份儿上，请他回家休息一阵子，调整好状态再来上班。

有谁愿意要这样一个时时刻刻找借口而不去寻找问题突破口的员工呢？寻找借口，其实就是逃避压力、逃避困难。遇到困难了，就给自己找推脱的借口，这首先是一个工作态度的问题，如果不是看在他是老员工，曾经为公司做出过巨大贡献的话，老陈肯定不是被请回家那么简单了。作为领导者，我们需要挑战压力，不过，一个真正为全局着想的领导光做到这些还不够，还需要去培养那些敢于挑战压力和困难的员工。而作为员工则要知道，敢于挑战压力和接受困难更利于自己的发展。

李伟是一家合资公司的普通职员，他的工作内容十分简单，负责收发和传送文件。当公司里出现比较困难的事情时，其他员工总是推三阻四，不愿去做，而这个时候，李伟总是主动站出来。他愿意多做事，从来不叫苦叫累，事情完成得也很好，所以，领导分给他的任务也越来越多。

有些同事开始笑他，说他被领导耍，那些又累又困难的活，别人想逃都来不及，他却像傻子一样向前冲，更何况领导又不给他加薪水。可是，李伟对这样的议论丝毫没放在心上，他认为越困难的工作，反而越能锻炼自己，至于薪水，等到自己有更多的经验时，自然就会增加。

领导对于他的工作态度十分欣赏，不久，李伟就被派去做一些更为重要的工作。后来当公司需要派人去拜访重要客户或者参加重要谈判时，他总是领导的第一人选。就在李伟来到这家公司的第三年，公司成功上市，而李伟则以董事会秘书的身份成为公司的重要员工。

李伟的故事告诉了我们一个道理：解决的问题越多，得到的经验就越多，对于自己的提升也就越有利。

不管你是企业里的一名普通员工还是一名领导者，都要明白领导只会看你工作的结果，只承认事实，只注重全局。上班不是上学，没有老师耳提面命地教我们什么该做、什么不该做，领导看的只是我们的工作成效，才不管有什么主客观原因呢。遇到困难的时候，我们不该逃避，要有积极面对问题的态度，如此才能更好地解决麻烦。解决一个困难，对于我们来说便是一次突破，当我们能够学到足以超越目前职位的技能和经验时，我们就拥有了更多接近成功的资本。

🎩 积极看待压力，压力才能化为动力

在工作中，你或许会觉得压力过大，或许认为正是这些压力阻止了你的成功。但是，如果你抱着一种积极的态度看待它的话，那么它就会成为一种动力。事实上，悲观对我们来说于事无补，唯有改变这种消极悲观的人生态度，以积极乐观的思维来看待压力，压力才能成为推动我们事业发展的重要因素之一。

职场中，总有些人得过且过、不思进取，其主要原因有两个：一是没有进取心，缺乏工作的动力；二是没有压力，能拖就拖。针对这种现象，领导一方面应当改革机制，对于积极进取的员工进行奖赏，以激励员工努力工作，积极创新。另一方面，领导可以施加压力，"逼"出人才。其实每一个人都能做得比现在更好，关键是看他有没有一个"逼"他成才的领导。

压力能体现出我们对工作的责任心，因为压力的本质就是责任感。为了获得预期的成功，我们就必须承担相应的责任；为了把工作做得更好，首先我们就要把压力转化成必需的动力。

有一个电子厂，领导只规定了每月的最低产量，他们的目标产量由每个小组自己确定，其中有一个小组确定的目标是其他小组的两倍。

其他小组知道了这个小组的目标后，都不相信该小组真的能生产这么多的产品，工厂的领导同样也不相信。可是一年过去了，人们发现这个小组生产出来的产品确实是其他小组的两倍还多，其工作效率远高于其他小

组。工厂领导在惊叹其工作效率如此之高的同时，马上决定给这个小组的成员发放比其他组多出四倍的奖金，并号召其他组向他们学习。

有些下属并不是没有能力，而是由于没有压力，懒散成性，觉得凡事做得差不多就可以了。对于这样的下属，领导者一定要施加压力，一来可以提高工作效率，二来可以满足部下个人的成就感，一石双鸟，一举两得。

工作是培养人才的动力，忙碌则是培养人才之母。冗员太多的单位，三个人当一个人用，大家整天无所事事，懒散的气氛互相传染，这样非但不能造就人，反而会使人才变为庸才，加速了人才老化。

王经理的秘书班子原有四人，由于公司采用了现代化办公设备，原有的工作量大大减少。没有了工作压力，大家就都不思进取、得过且过了。

于是这四个秘书把任务互相推诿，彼此间也明争暗斗，互不配合，这样一来反而使本来就不多的工作被延误了很久。

在这种情况下，王经理当机立断，将其中三人调到人员相对缺乏的人事部。如此一来，剩下的一人因为压力太大，不得不每日忙于工作，把工作处理得井井有条，业务能力不断提高。其他人由于有了新的职务，工作热情大增，再也无心相互争斗了，于是整个公司的面貌大为改观。

"一个和尚挑水喝，两个和尚抬水喝，三个和尚没水喝。"为什么三个和尚没水喝？就是因为他们缺乏压力，缺乏格局意识。有些人在谈论自己工作的时候，会因为没有压力而沾沾自喜，但我们不难发现，这些人都是一些平庸之辈。"玉不琢，不成器"，如果没有压力的磨炼，再好的一块璞玉也会变得昏暗无光。要想成就一番事业，不可能永远顺风顺水，我们必须顶住压力激流勇进，逆流而上。当我们迎难而上的时候，沉重的压力也就变成了前进的动力。

压力就是动力，比如汽车内燃机就是通过汽油燃烧产生的压力推动活塞运动，从而驱动汽车行驶。人也是如此，正是因为工作压力，才会产生工作动力。有一位杰出的企业家曾说过这样一句话："目标在前面牵引着我，而压力在后面推动着我，所以我不得不前进。"这个比喻非常恰当，压力就是一种推动力，推动着我们不断地前进。

美国陆军上将巴顿将军就非常清楚压力的作用。第二军在卡赛林山口战役遭受惨败之后，巴顿就接任了军长之位。

巴顿临危受命，表示自己只需要十天就可以把这个常败之师整顿成王牌军。

很多人认为巴顿是在说大话，因为第二军纪律松懈已久，再加上刚打了败仗，士气低落。但是，巴顿雷厉风行，制定了很多严格的规章制度。

为了给官兵施加压力，他甚至采取了"不民主的以及非美国的方式"。很快，这支部队一扫过去那种松松垮垮的拖拉作风，精神面貌发生了巨大改变。也正是因为如此，第二军的战斗力得到空前的加强，成为第二次世界大战中美国的王牌军队。

一个人没有压力，就谈不上对企业有多大的贡献；一个人没有压力的推动，就没有对伟大目标的向往，也就不可能取得非常大的成就。因此，领导必须给下属们一点压力，当每一个人都有事可做的时候，他们才会想着如何才能把工作做得更好，整个企业才会呈现一片繁忙且生机勃勃的景象。当然，压力也须适度。

■ 压力激发潜能，主动创造压力

不知道大家有没有发现一个很有意思的现象：一个人在没有任何压力的状况下很难做好任何事情，但是只要有点压力，他就可以不断地战胜自己。也就是说，其实世界上的很多人都能成为很优秀的人，关键在于他要有压力。

潜在的智慧是通过不断与困难做斗争而获得的，古往今来，几乎所有伟人都经历过艰难困苦。可以说，没有一点压力就想取得一定的成就，无异于白日做梦。

诺曼·考辛斯是加州大学洛杉矶分校医学院精神及行为科学系的一位副教授。

在他 39 岁的某一天，他去一家保险公司购买人寿险，但由于做心电图发现冠状动脉有阻塞症状之后遭到保险公司的拒绝。医生对他说："现在，你最多只能再活一年半了，而且必须辞掉工作，别参加任何体育活动，整天待着不动才行。"

也许大多数人听到这个消息后会萎靡不振，但是考辛斯认为自己不会这样。在此后的几年中，他刻苦钻研创造了医疗自身疾病的处方，以维生素C、肯定的思想、欢乐、信仰、幽默和希望配合着使用。就这样他奇迹般地又活了七年。

这时，医生又告诉了他一个不好的消息，说他患上了另一种致命的疾病——僵化脊椎炎，这是一种会引起脊椎骨与关节相关组织逐渐分解的疾病。

考辛斯再一次为了自救而制订计划，他服用大量的维生素C并采用"幽默治疗法"，有计划地看搞笑电影，看詹姆士·沙伯和罗伯·班奇里的喜剧作品。他又一次神奇地活了下来。

可见，人的潜能是无限的，一个有目标、有理想的人总是给自己施加压力，促使自己去完成目标。对于现在的企业来说，最大的困惑就是企业的领导感到的压力非常大，而有些员工没有感到压力或感到压力不大，于是三天打鱼两天晒网地混日子。如果企业能让员工多感受到一点压力的话，那么员工们肯定会想如何才能提高工作效率，如何才能把工作做得更好。

很多外出打工的人，在他们刚踏上拥有自己梦想的那块土地的时候，既没钱又没朋友，并且学历不高，是贫困的压力激发了他们内在的潜能，让他们为生存、发展而努力，最终获得富足的生活和优越的地位，这让无数有钱财、有机会并受过良好教育而无成就的本土青年羞愧得无地自容。

一个生长在优越环境中的人，常依赖父母而不能自食其力的人，从小就被溺爱娇惯的人，是很难取得一番作为的。试想一下，假使一个人不被生活逼迫着去工作，他将怎样呢？假使不用劳动，就可以想买房就买房、想结婚就结婚，他将怎么样呢？假使他已经得到了所要的东西，他还肯奋斗吗？

生活需要一点压力，工作需要一点压力，我们应该感谢压力，并主动地给自己制造一些压力。因为压力能激发我们巨大的潜能，让我们在追求成功的路上充满激情、充满动力。

美国前国务卿基辛格博士，以能在非常繁忙的情况下仍然坚持把计划书做到最好而闻名。当一位助理呈递一份计划书给他的数天之后，该助理问他对其计划书的意见。基辛格和善地问道："这是不是你能做的最佳计划书？"

"嗯……我在这份计划书上确实花费了相当大的功夫。"助理的表情有些不快。

"我相信你再做些改变的话，一定会更好。难道你不希望将这份计划书做得完美无缺吗？"基辛格充满期待地对助理说。

助理回答："也许有一两点可以再改进一下……也许需要再多说明一下……"

随后助理走出了办公室，腋下挟着那份计划书，下定决心要研拟出一份任何人——包括亨利·基辛格都必须承认是"完美"的计划书。这位助理又工作了三周，甚至有时候就睡在办公室里，终于修改完了。

助理很得意地迈着大步走入基辛格的办公室，将计划书呈交给他。

当助理再一次听到那熟悉的问题——"这的确是你能做到的最完美的计划书了吗"时，他激奋地说："是的，国务卿先生。"

"很好，"基辛格说，"感谢你的辛勤劳动。"

看完这个故事，相信我们不难得出这样一个结论：每个士兵都有成为元帅的可能，关键看有没有一个鼓励他成才的上级。当领导者能够对员工适当施压，激发出他们更大的潜力时，他们的能力将获得提升，工作将更加出色。所以，一个具有格局意识的领导者，不仅需要给自己一点压力，还要给下属们施加一点压力。

虽然员工在压力下工作会遇到更多的困难，但他们从挫折和失败中学到的东西会比从成功和顺利中学到的多得多，每一次的挫折和失败都是向目标迈进的一大步。

📌 用压力引导良性竞争的风气

领导者的工作责任很多，上文我们谈到的就有为下属安排工作、解决下属的烦恼等。不过，还有一些责任我们没有谈到，其中一个就是要用压力引导良性竞争的风气。

通常情况下，那些精明的领导者都会鼓励企业内部员工之间的良性竞争，因为这样的竞争有助于领导实现不断提高利润的目的，而且员工之间有序的良性竞争也是企业获得持续发展的重要基础。

在印度有一家天然橡胶公司，割胶工人们工作都非常懒散，只能勉强地完成公司规定的任务。为了调动员工们的工作积极性，公司想出了一个办法，把每天每人割胶的产量分为两个档次，第一档次的人能拿到更多的工资，而第二档次的工资会减少。

办法实施没过多久，割胶工人的作风就大为改观，产量很快就提高了数倍，因为没有人愿意落后于他人，同事间的竞争直接影响到他们的收益。

由此可见，用压力引导一个良性竞争的风气是格局观的一种体现。良性竞争的氛围，对企业员工的个人发展来说具有举足轻重的意义。

现在很多企业都用"竞争上岗"这一用人方法，就是依据这一道理。在公司当中，通过竞争的手段，淘汰一批不合格的员工，而留下那些优秀者。在这种竞争机制下，总会有优秀者胜出、拙劣者淘汰的现象，虽然有些残酷，但这是公司得以持续发展的关键，也是激励人们不断前进的重要手段。

英特尔公司是全球最大的半导体芯片制造商，它成立于1968年，具有40多年产品创新和市场领导的历史。我们在观看其他一些比较出名的企业发展的历史时，总会发现这些企业都曾多次面临破产的危机，但是英特尔公司很少发生这样的事情，主要原因就是英特尔公司各方面的灵活性非常高。

一家企业发展得怎么样，一定跟该企业的员工有很大的联系。英特尔公司的每一个员工都会感觉到一定的压力，他们不断地进行着"自我淘汰"。该公司的任何人都不满足自己已有的成绩，在每个人的意识深处，都希望自己可以做得更好。

在英特尔，员工们的竞争已经上升到了精神的境界，每个员工的心中都装着神圣的英特尔事业，因而不断进取，始终让英特尔立于不败之地。

良性竞争最明显的表现方式之一，就是每个员工都感到自己被公平对待，他们对自己所承担的责任以及公司给予的报酬都心服口服。只有让他们感觉到公平，认为命运是掌握在自己的手里，他们才会使出浑身解数、发挥最大能量为企业服务。

与英特尔类似，美国最大的速递、跨国物流公司——联邦快递，也一直秉承着这种公平竞争的精神，让所有员工都能感到自己被公平对待。他们通过严格的制度让员工来评判自己的管理者，以保证公平。

联邦快递制定了严格的制度，以严格训练和密切监督每一位管理者为切入点。每一位管理者每年都要接受上司和下属的全方位评估，如果某位管理人员连续几年所受到的评估都低于一个预定的数值，那么等待他的只能是降职或者解雇。

员工们每年会收到一份调查问卷，问卷里面一共有29道题，其中前10道题都与其直接主管有关，比如"主管做事公平吗"等问题，接下来的问题一般会涉及直接主管的管理态度。

公司在收回问卷后则将调查结果按不同团队做成表格，并列出各位主管的综合得分。前10道题的综合得分为领导指标，关系到公司300位高级主管的红利，这一部分可高达资深主管底薪的40%。如果某位主管的领导指标不合格，就拿不到这笔红利。联邦快递的这项制度对所有主管而言，就意味着他们必须引导一个公平的风气。

企业需要一个公平竞争的环境，要能够建立起完善的制度，对表现好的员工及时表彰，而对工作表现欠佳的员工迅速处理，这样就能极大地满足员工的心理需要。对员工而言，很多时候，心理上的满足要远远高于物质上的满足。领导者只有公平地对待每一位员工，引导他们进行良性竞争，才能推动企业不断发展，为企业带来无穷的活力。

▪ 给员工适当加压，促进业绩提升

动力是由压力产生的，如果一个人试图逃避压力，那么他就会失去前进的动力。当然，这种压力必须是适度的，不能过大，如果压力大到了超出自身所能承受的最大限度，那不仅无法获得继续前进的动力，而且会使人在巨大的压力面前丧失信心，甚至一蹶不振。

压力适度，不但是行动的动力，而且往往能把人的潜能发挥到极点，创造出令人震惊的奇迹。

现代汽车的创始人郑周永从一无所有到成为著名企业家所经历的重重苦难，使他比一般人更能深刻地感觉到压力的重要性。他在总结现代汽车的发展过程时说："韩国的资源非常欠缺，现代汽车要想有所发展的话，只有不断地逼自己。"

他又说："工业革命之所以会发源于温带国家，不是没有原因的。原因可能就是由于这些国家气候条件非常差，生活艰难，他们不得不逼迫自己去谋求一条生路。日本工业发展得如此快，也是在地瘠民困的压力之下促成的；今日韩国工业的发展，也可说是在'退此一步即无死所'的压力条件下产生的。"

没有压力的推动，企业就很难持续生存和发展，个人事业的成长和进步同样如此。

正是因为有了竞争的压力、领导施加的压力、失业的压力以及生活的压力，我们才能更加主动地为企业创造价值，才能更加热情地迎接挑战，才能更加努力地完成任务。

压力是必须有的，但前提是必须适度。话说回来，适度的压力是推动个人事业和公司整体事业发展的必要条件，对这一点，很多人都深有体会。比如有一项任务你拖了很长时间都没有完成，其实不是不想马上完成，只是很难静下心来做，后来却发现每当被上司催促的时候，或者在上司规定完成任务的时间非常迫近的情况下，就能很容易地找到解决的办法，而且通常在这种时候工作就会完成得又快又好！

所以，作为领导者，在给下属布置任务时要定一个完成期限。而那些办事效率高、工作业绩出色的优秀员工往往会把上级规定的完成期限提前一段时间，于是在时间的压力下，他们总是能做得比其他同事更快、更好。

詹姆斯是一家电子厂的领导，厂里的工人总是不能很好地完成生产指标，这已经严重地影响到了公司的业绩。詹姆斯对此十分不解，他认为工厂的负责人是个很能干的人，按道理不应该出现这样的情况。

一天，他把该厂的负责人叫到一边，非常生气地质问道："你怎么搞的，像你这么能干的人怎么还完不成规定的生产指标呢？"

负责人回答说："我曾严厉地批评他们，扣除他们的奖金，甚至恫吓他们，但无论采用什么办法都没有效果，他们就是不愿意干活。"

说话间，白班工人的下班时间到了。

詹姆斯看了看工人，就对负责人说："给我一支粉笔。"然后，他转向旁边的一个工人，问道："你们今天一共生产了多少产品？"

"56个。"工人答道。

于是，詹姆斯便在地板上写了一个大大的"56"，然后，一句话也没说就走了。

当夜班工人上班时，他们看见地板上这个"56"，便互相询问是什么意思。

"领导今天来这里了。"白班的人回答，"他问我们完成了多少产品，我们告诉他56个，他就在地板上写了这个'56'。"

第二天，负责人来到工厂，他惊奇地发现，夜班工人已将"56"字擦去，而是换上一个大大的"78"。当白班工人来上工的时候，他们看见的是一个大大的"78"写在地板上。

"他们以为比咱们做得出色吗？好吧，给他们点厉害看看！"白班工人的求胜欲望也被激发起来，他们更加努力地工作。在下班前，他们留下了一个神气活现的"102"。

就这样，这家电子厂的业绩慢慢地好了起来，没过多久就赶上了其他工厂的业绩，甚至大大超过了它们的效益。

压力其实是一种挑战，如果领导学会通过用压力来施予员工动力，让他们感受到挑战，激发起他们工作的热情，往往就能取得出乎意料的效果。压力实际上是一种动力，如果一个人没有了压力，就会失去前进的动力，这实在是件非常可怕的事。领导者要记住，只有在员工的工作中施加适当的压力，才能激发起他们前进的力量。

—— 第七章 ——
执行格局：有条不紊，高质高效

> 工作要有条不紊，也要高效执行。可以说，执行是计划与成功之间最关键的一环，它不是简单的战术，而是一整套提出问题—分析问题—解决问题的系统流程。没有执行，领导者的任何决策都不能得到实现。应该说，一个有格局意识的领导者既要沉得住气，也要快得起来，在工作过程中力求高效。

上级的命令要努力贯彻执行

坚决执行、绝对服从是一个拥有格局的领导者需要具备的职业素养。一个人无论在什么岗位，服从意识在决定成败方面都起着关键作用。要想在工作中成就一番事业，我们就必须做到服从安排、服从全局。只有先服从了领导、服从了全局，才能谈得上为公司付出了。

1861 年，美国内战开始了，美国总统林肯却为了寻找一名合适的指挥官而非常头疼。林肯筛选指挥官有自己的标准，就是要百分之百地执行他的命令，不为拖延找借口。最后，林肯选中了一名叫格兰特的指挥官。

从西点军校的毕业生到林肯钦点的指挥官，格兰特的仕途可谓是平步青云，在战争中总是被委以重任，而他也总能不负众望，能够快而有效地完成任务。

后来，格兰特成了美国的总统。有一次，他回到母校视察，一名西点军校的学生问他："总统先生，请问您是被西点军校什么精神鼓舞着，促使您一直勇往直前？"

格兰特淡淡地回答道："坚决执行，绝对服从。"

坚决执行，其实就是服从全局。一个领导者应该做到对上级安排的任务不打折扣、不讲条件，积极担当、坚决完成，把企业的需要作为行动目标，勤勉敬业，超越自己，提高自己的工作水平。关于"坚决执行，绝对服从"，巴顿将军在《我所知道的战争年代》一书里写了这么一个故事。

他（巴顿将军）想提拔一个人，便把所有的候选人都召集在一起，对他们说："伙计们，我想在仓库的后面挖一条战壕。这条战壕8英尺长，3英尺宽，6英尺深。"然后他就走了。

巴顿将军走后，这些士兵就聊了起来。

有的士兵说："挖这个战壕，人想藏也藏不住啊！一点用处都没有，我才不干呢。"大家都觉得没有什么用，都不打算干。只有一个人说了一句话："管他有什么用呢，巴顿这个老家伙，我不管他，我先干再说。"于是，他就一个人拿起工具干了起来。

最后，就是这名骂巴顿将军的士兵得到了提升。

其实，执行力就是把想法变成行动，把行动变成结果的能力。现代团队的最大问题就是没有执行力。无论多么宏伟的蓝图，多么正确的决策，多么严谨的计划，如果没有高效的执行，最终的结果都将是纸上谈兵。没有执行力就没有成功，毕竟构想再伟大，也要有人将它付诸实践，这一切，靠的就是执行力。

有个毕业于某名牌大学会计专业的女孩找到了一份工作。她第一天上班的时候，领导对她说："小张啊，你想当会计啊？那么你要先到基层磨炼6个月，熟悉熟悉公司的情况。"

女孩想不明白，作为公司的一名财务人员，为什么还要去基层工作。

不过，她并没有想太多，决定先干了再说。于是，她来到了车间。她在一名老师傅的帮助下，在短短的三个月里就把该学的技术都学了，并且在厂里举行的技术比赛当中拿到了第一名。领导很是高兴，觉得她是个能沉得下心来认真做事的人。

六个月很快就过去了，领导找到了她，对她说："小张啊，你是不是还想当会计啊？"

她知道领导这样说肯定别有用意，就回答道："我听从您的安排。"

领导真诚地说："其实，厂里最需要的不是财务人员，而是管理人员。做财务的在哪里都能找得到，能把管理做好的人才却很难得。我让你去做车间主任，你觉得怎么样？"

就这样，这名女孩在她同学还在四处求职的时候，已经迅速地当上了车间主任，成了领导最重视的人才之一。

企业要想把计划和目标变成现实，靠的就是员工们的执行力。可以说，没有执行力就没有竞争力。对于上级的命令，我们有时可能不太理解为何要这样做，但还是应该马上执行。

比尔·盖茨说："在未来的十年内，我们所面临的挑战就是执行力。"只有提高了执行力，才能创造出更好的成绩。

🎩 立即行动，绝不拖延

汤姆·霍普金斯被誉为"世界上最伟大的推销大师"，他平均每天销售一幢房子，至今仍是吉尼斯世界纪录的保持者，他的学生在全球超过500万人。

当他的事业迎来顶峰的时候，很多人都想知道他的成功秘诀是什么，而每次有人问他秘诀的时候，他的答案都是四个字："马上行动！"

"马上行动"强调的就是高效的执行力。其实谁都知道"马上行动"的重要性，但是有些人在面对工作的时候，脚步始终停留在"犹豫不决"上，他们总是用各种各样的理由拖着自己前进的脚步，给自己制造各种借口：我要是失败了怎么办，我准备得可能还不够充分，现在也许时机还不到，这样就开始太仓促，等等。

有些员工可能还有这样的想法："反正上司没规定今天必须完成，那么拖到明天也没什么关系吧。"结果，你拖一天，那么你的下属可能就会拖两天，这样一来，又怎么能很好地完成工作呢？最重要的是，这样的领导和下属很容易就会养成拖延的习惯。一位优秀的领导应该很清楚，拖延最终带来的是什么，可以肯定的是升迁和奖励是永远不会落在惯于拖延工作的人身上的。

戴维毕业于美国某名校，是一家游戏公司的网站编辑。他各方面的才能是毋庸置疑的，不过，他有一个不好的习惯，就是在工作中拖拖拉拉，时常不能按时完成领导布置的工作任务。

一次，领导将新签约的一个游戏开发方案交给戴维来完成，规定的时间是两天。戴维接过任务，心想，加上今天的话，有三天时间，自己完全没有必要那么急着工作，不如先看看微博，浏览一下新闻。

当戴维玩得差不多了，正准备开始工作的时候，却到了下班的时间。戴维说："没事，反正还有两天。"

到了第二天，戴维开始不慌不忙地为工作准备着，却没想到刚开始一个小时，就被领导叫去参加一个学习研讨会，耽误了整整一天的时间。不过，他还是这样告诉自己："不着急，反正明天还有一整天时间。"

第二天到了公司，戴维想起了以前玩的一款游戏，决定先玩一会儿再工作。正当戴维玩得忘乎所以时，领导的电话来了："戴维，工作完成了吗？其他同事都交任务了，你呢？"

戴维赶紧以参加学习研讨会耽误了时间为借口，从领导那里争取到了一天的时间，最终完成了策划方案。但由于策划方案写得仓促，几乎没有什么新意，甚至连错字都没有修改，最后客户不满意，戴维因此受到领导の批评。

在职场中，像戴维这样的人并不少见，他们的问题不是工作能力不行，而是工作态度有问题。这种离工作期限越来越近，心里虽焦灼万分，表面也已按捺不住，却依然磨蹭着不开工的人，即使他是天才，但对于企业的领导来说，跟庸才也没什么两样！

对于公司来说，拖延所造成的后果或许会在其他同事的勤奋当中得到弥补，而我们自己呢？拖延所带来的恶果只能由自己来承担。今天把工作推到明天，明天把工作推到后天，许多成功的机会就在一而再、再而三的拖延中失去了。作为公司的领导者，一方面要做到自己不拖延，同时也要让下属拒绝拖延，并知道拖延的危害性有多大。

有一次，美孚石油公司 CEO 李·雷蒙德准备到某分公司去巡视工作。在到达休斯敦一个区加油站的时候已经是下午3点了，他看见油价告示牌上写的竟然还是昨天的油价，而在今天早上9点，美孚总部就已经下令将每加仑的油价下调5美分了。为此，李·雷蒙德非常生气，立即让助手找来了加油站的主管詹姆斯。

李·雷蒙德根本没给匆忙跑来的詹姆斯喘息的时间，就指着报价牌大声斥责他道："先生，你是不是还在做着昨天的美梦！要知道，你的拖延已经给我们公司的名誉造成了很大损失，因为你们收取的单价比总部公布的单价高出了5美分。每一个知道这件事的人都可能在任何场合嘲笑我们的管理水平，如果让某位喜欢'热闹'的记者得知了这件事，你很可能就会在明天的《纽约晚报》上看到诸如'美孚石油公司说油价下调，却没有'之类的文章。你知道不知道，就是因为你的拖延，很可能让我们的公司被传为笑柄！"

意识到问题的严重性，詹姆斯连忙说道："您说得对，我立刻去把油价改过来！"于是喘息未定的主管立马把油价改了过来。看见告示牌上的油价得到更正以后，李·雷蒙德面带微笑又语重心长地对詹姆斯说："如果我告诉你，你腰间的皮带断了，你却打算过一会儿再去更换它或修理它，那么，当众出丑的只有你自己。你要记住，任何拖延坑害的不仅仅是公司，更是你自己。"

很明显，一个总是拖延的人是没有格局感的。知道了拖延带来的危害，我们就应当尽可能地克服这个坏毛病，而避免拖延的唯一方法就是"马上行动"，绝不拖到下一刻。当我们接到新的工作任务后，就应当第一时间行动起来，列出自己的行动计划，然后按照计划去执行，一刻也不能耽搁。如此一来，我们的工作效率会迅速地提升。

诚然，许多人其实并非刻意想要拖延，他们把事情拖得很久是因为他们喜欢等到万事俱备之后再行动，但他们忽视了一个事实：条件不是等来的，而是创造出来的。因为很多时候，我们永远等不到外部条件全都完善的那一天，也就是说，很多工作都会有我们想象不到的困难。只要行动起来，这些困难很有可能就会被解决掉。即使暂时解决不了，我们心里至少有了一个底，知道该往何处寻找办法、解决问题。

歌德有一句名言："只有投入，思想才能燃烧。一旦开始，完成在即。"任何时候，当我们感到拖延的恶习正悄悄地向自己靠近，或当此恶习已迅速缠上我们，使我们动弹不得时，我们都需要用这句话来警醒自己，以激发自己的工作积极性，做到绝不拖延，立即行动。

🎩 高效完成工作，第一次就把事情做好

现在有很多员工，在接到任务时并不仔细想想该用什么样的方法，而是马上就开始行动，直到完成为止。虽说马上执行、绝不拖延是敬业的体现，但是很多工作绝对不是不需要任何思考，实际上，大多数工作还是需要我们费尽心思去思考的。如果我们什么都不加思考就开始做一份工作，看起来很努力，但是最后的结果往往不尽如人意。看到下属工作效率低，

作为领导的我们，有责任告诉他们问题出在哪里。

夏宇毕业后，好不容易在一家广告公司找到了一份设计的工作。由于没有什么经验，他担心自己不努力工作的话就会被领导解雇，所以，他工作起来比谁都卖命。

有一天，领导给了他一个活：给某一位客户设计户外灯箱广告。由于完成任务的时间非常紧，夏宇就没有仔细审核广告的校样。

当设计好的广告送到客户那里并准备安装时，客户发现了一个问题：在设计的广告中弄错了一个电话号码，服务部的电话号码错了一个数字。

客户对此很生气。

本已疲惫不堪的夏宇一面忙不迭地向客户道歉，一面表示马上修改这个错误，又忙了大半天才重新弄好。

事后，领导对他说："夏宇，你工作很努力，我们都知道，但你也要注意点方法，就拿这件事情来说吧，如果事前认真一些，把事情做好，就没有必要再耽误一天的活了。"

听到领导的话后，夏宇一个劲儿地赔礼道："领导，对不起，我下次一定注意。"

我们无法得知夏宇是否还会犯此类错误，但可以非常清楚的是，如果工作的时候第一次就没有考虑周全，那么结果势必很难让人满意。更重要的是，在开始的时候一旦没做好，到最后才发现错了，结果还得重新来过。

这样一来，就得花费双倍的时间和精力来工作。就拿夏宇的经历来说，他只是不小心打错了一个数字，表面上看，只是一个小的错误，但是，这个错误可以给他造成一系列的麻烦和损失。如果因自己的疏忽给客户造成损失的话，那么就得不偿失了。

如果一个普通员工没有第一次就把事情做好，那么只是一项任务没有很好地完成；如果一个部门领导这样做的话，那么就会浪费掉公司大量的时间和精力。更为可怕的是，这种错误往往不只连累自己，还会拖累其他人，进而给公司造成巨大的经济损失或形象损失。因此，作为公司的领导者，当发现自己或下属总在反复地做同一个任务的时候，就要想想问题出在哪儿。

詹姆斯是一名比较有名气的企业顾问。

有一天，一个企业家来做咨询，他对詹姆斯抱怨地说道："我的工厂总是不能按期完成生产计划，总是延期发货，客户们为此怨声载道。为了赶工期，我不得不又招了100名工人加班加点地赶工，但是生产进展永远都赶不上增加的订单。"

詹姆斯去他的工厂考察了一番。那是一家非常现代化的大工厂，生产设备非常先进，有七条装配线可以把不同的部件组装在一起。在每条装配线的尽头都设置了检查站，一旦哪个环节出现问题，质检人员就会将其记录在一张单子上。而每台机器都会在某个环节出现不同程度的问题，出现问题的产品被送到返工站，那里搭建了几个工作间，由最有经验的工人负责返工的工作。返工之后，产品就可以出厂发给客户了。

詹姆斯在考察的整个过程中没有说一句话。午餐的时候，企业家终于忍不住问詹姆斯："有什么办法可以减少返工的次数？"他还列举了一些不能不返工的条件：

1. 机器在生产过程中是不可能不出现错误和问题的。

2. 所有的工人都很努力，大家都没有偷懒工作，为了工作，他们甚至可以加班工作到夜里12点，这已经很辛苦了。

3. 我们的技术已经是最先进的了。

詹姆斯笑道："我给你的方法非常简单，就是取消返工区。不妨试一下。"

"把返工区取消？哦，不，先生，您不是在跟我开玩笑吧？这样的话，返工的产品在哪里重新修复加工？要知道返工的产品占了全部产品的30%！"

詹姆斯说："我当然不是在开玩笑，你只要做这一件事就可以解决所有的问题，而且以后永远都不会出现返工。我希望你能尝试一下，当你尝试后，肯定会吃惊的。"

"这是不可能的！"企业家叫道。

詹姆斯先生没有说话，只是拿出纸笔，写下了这样的建议：

1．立刻把返工站关闭，让那里的工作人员回到各自的生产线当中去，做指导员和培训员。

2．在生产线尽头摆上三张桌子，让质量工程师、设计工程师和专业工程师各管一张。

3．将出现的缺陷按"供应商的问题""生产过程中产生的问题"以及"设计的问题"进行分类，并且坚持永远、彻底地解决和消除这些问题。

4．将机器送回生产线修理。

5．建立"零缺陷"的工作执行标准。

这位企业家虽然不相信如此简单就能解决问题，但还是按照詹姆斯的建议进行了改进。

结果，他们发现了许多问题。比如，订购零件时，只看价格高低，而未注意品质；没有对生产线的工人进行很好的培训；有的人接受了这样一种观念，就是产品需要返工。

几星期之后，这位企业家吃惊地发现，工厂的生产进度发生了质的飞跃，无论订单如何增加，他们总是能够按时甚至提前完成任务。不仅如此，他们还在制造车间立了一个标志板，上面写着"生产无故障、无缺陷产品的天数"。随着时间的推移，这个数字越来越大，而且他们还学会了检查新产品的好方法：工人一边装配，一边将出现的问题提出来并解决掉。不仅如此，一般情况，工人们每天只要工作八小时就能完成任务。

最让企业家兴奋和自豪的是，由于员工们生产速度快，提供的产品质量稳定、性能可靠，很快便占据了本行业最大的市场份额。日本企业原本已进入了这一市场，但由于看到该公司的领先水平，最终选择了退出，这家企业也成了所属行业中第一家打败日本企业的美国企业。

取消返工区，其实就是告诉大家：第一次就要做好。这样看来，"第一

次做好"是如此的重要。公司的领导必须给下属灌输这样的观念：要想高效率地完成工作，就必须第一次就做好。

🔋 执行切记：速度第一，完美第二

在短跑比赛中，没有人会去关注一个选手的跑步姿势是否漂亮，人们关注的只是他的速度。只有速度足够快，才能得到别人的掌声。企业的普通员工也是一样，领导者更应如此，没有速度就谈不上高效。

很多人追求完美，却忘记了速度，认为只要质量第一，就没有必要担心产品卖不出去。如果是 20 年前这样想的话，那么肯定没有错，因为以前竞争不是很强，只要产品质量过得去，早晚会有人要。如今只重视质量却不行了，现在已经进入了超竞争的年代，任何一种新产品出来后，只要受到市场的欢迎，那么第二天肯定就会有一大批类似的产品冒出来。

企业要想让自己的产品一直受欢迎，那么就必须要比别人更迅速地生产产品，这就需要企业的每一位职员快速地完成任务，如此才可能为公司占据先机，取得市场优势。如果一味地讲求工作的完美，把每一个细节都做到最好，那就可能要多花一倍甚至是几倍的时间。这样不仅增加公司的成本，而且贻误商机，使公司在市场竞争中处于被动地位。

因此，作为公司的领导者，在执行上级任务或分派员工任务时，不要打着"完美"的旗号，使之成为无法快速完成任务的借口，而应按照"速度第一，完美第二"的原则思考问题。

1998 年发生亚洲金融危机，惠普集团的年增长率由两年前的 30％一下子跌落到 3％。公司宣布，2000 多名中高级经理暂时减薪 5％。

华尔街分析师对惠普提出了质疑：为什么在相同的环境下，戴尔、IBM等公司却没有受到如此的打击？惠普的竞争力为什么会如此低下？其实，主要原因在于惠普在经营中过度地追求品质，延缓了推出的速度，因而在市场里失去了先机，让其他公司占据了主动。

卡莉成为惠普总裁后，认为惠普有一流的人才、一流的技术，而业绩不好的原因就是没有跟上市场的速度。于是，她给惠普提出了新的要求：先开枪，后瞄准！快速地推出产品，然后慢慢地改进。

在卡莉的带领下，惠普很快就扭转了局面。

你是生产电脑的，我也是生产电脑的，既然两家的产品能长久地受到人们的欢迎，那么产品质量肯定差距不是很大。此时，谁能迎合市场需求，更快生产出新的产品，谁就能占据市场。只要赢得了市场，那么即使产品有些无关紧要的问题，也可以在以后的实践中不断地修改和完善。

很多企业在本地占有的市场份额算是数一数二的，但是十几年过去了，依然还只是这样的规模。而有的企业虽然在本地占有的市场份额只能排得上是第三、第四，但是其发展的速度很快，把市场推广到了世界各地，结果年利润几亿元，而那些在本地的老大却只能赚区区几百万元。

张辛算是一名比较成功的企业家，他在北京开了几家快餐连锁店，而且在天津、南京等地都有他的分店。但是由于发展得太慢，结果让很多快餐店后来者居上，在短短的几年内高速发展起来，甚至有的已经跻身全国餐饮行业前十强，成功实现上市。此时，张辛再想发展已经没有那么多的机会了，因为市场已经被人家给瓜分掉了。

由此可见速度的重要性。所以，我们在保证工作质量的同时，一定不要忽视了速度。超过规定的期限，即使完成得再完美，也不可能达到预期效果。如果我们按时或者提前完成任务，那么上司很可能就会对你说："很好，虽然有些小问题，不过以后可以慢慢地修正。"但如果超过了规定的时间，当你把完美的工作成果展示给上司的时候，可能你还没解释就会得到这样的质疑："怎么搞的，现在才做完？你知道不知道，你的拖延耽误了我们部门多少时间？"这个时候，我们能怎么办呢？只好真诚地认错，表示下次绝对不会再拖延了。要知道，浪费的时间，不仅可能给公司造成巨大的损失，还会让上司对我们的工作能力产生质疑。

相反，提前完成工作会给人留下做事很快、手脚麻利的感觉。想想看，你身边是不是有些这样的人让你对他们非常有好感呢？假设你是领导，你是喜欢员工在最后一刻完成工作，还是喜欢让他们提前交上来，告诉他们你的意见呢？快速工作的时候大脑往往也是高效的，而没有时间要求的人的思考效率也往往是低效的。

需要注意的是，追求速度并不意味着眉毛胡子一把抓，那些有格局意识的人往往是在追求速度之前，预先完成了对事情的排序和规划。做到了这点，加快速度，自己才不会手忙脚乱。提前或者按时完成工作，不仅是对自己的要求，也是对下属的要求。领导者不仅自己要追求速度，还要给员工树立起"速度第一，完美第二"的意识，让其充分认识到速度的重要性。在一定程度上讲，领导者和员工是一体的，领导的计划快了，那么员工完成的速度也跟着会快，团队工作进展也就更快了。与此同时，这也是领导者与自己的下属在公司内部竞争中取得胜利的途径。

总而言之，我们需要明白这样一点，速度上的优势会弥补你某些工作上的不足，而工作做得再完美也不能弥补因超时而造成的损失。所以说，领导者一定要学会正确处理好速度与完美的关系，一旦开始执行工作任务，就要让速度走在完美的前面，在速度中求生存，在完美中求发展。如果你还没有做到，那就从现在开始吧，跟时间赛跑，以快取胜。

✒ 充分利用团队的力量

众所周知，只有拥有一流的人才，才能成就一流的企业，但是事实是很多企业不乏一流的人才，却只能成为二流、三流企业，其中主要原因就是这些人才没有被领导充分利用起来。企业的员工没有团队精神，主要责任不在员工身上，而是在领导者身上。我们来看看下面这个故事。

一个农民叫三个儿子拉着车到集市上去买米过冬。

通往集市的路有三条，三个儿子都各自坚持要走自己认为好走的路，恰好是三条不同的路，谁都不让谁，拉着车向各自认为对的方向走，可是车却纹丝不动。

这时农民来了，他对三个儿子说："你们这样永远都不能到达集市，只有朝一个方向拉，才能到达目的地。"儿子们听了父亲的话，商量一致就朝着大哥的方向走，很快就到达了集市，买好了米。

农民的三个儿子都不是愚人，他们所选的路也都各有其道理，但是车子必须协同三个人的力量才能拉得动。下属们在同一个单位同一个部门工作，他们自然知道如果不好好配合别人的工作，就会影响到自己的业绩。

农民叫三个儿子拉车到集市上去买米过冬，他肯定知道自己三个儿子的个性是怎样的，所以，在他们出发之前，他就应该在三个人中选一个代表他的人，也就是我们所说的领导。

所以，很多时候，人们并不是故意不想配合对方，只是可能遇到了工作中常见的情况，就是这个工作这样做也行，那样做也行，如果大家一起按着同一个法子进行的话，那么工作就能很快地完成。但是人们都有一个习惯，总认为自己的想法是对的。我这样做也可以，为什么要采用你的方法呢？如果一定要让对方按着自己的想法做，别人就会觉得：你又不是领导，你这样做岂不是在质疑我的智商？

但是，作为一个领导者来说，当把一项任务分给下属的时候，就要想到可能出现的情况。

在一家公司，有两位主管分别把控着两个很重要的部门，他们的个人能力都很强，却把公司弄得乱七八糟、乌烟瘴气。一年过去了，公司面临倒闭。领导把两位主管叫来，问他们是怎么一回事。

两位主管都拿出了自己是真心为公司工作的证据，但最后，领导还是把两人都辞退了。

这两人就是没有格局观念，不顾全大局。没有格局观，就会浪费公司的资源，他们看起来是在拼命地为公司付出，但是他们为公司创造的利润可能还没有他们造成的浪费多。

领导者都没有团队精神，意识不到自己的行为对企业的全局有影响，他的下属又怎么可能有这样的意识呢？这样一来，整个企业不就如同一盘散沙了吗？各个部门各怀心思，企业还能长远发展吗？

那些经常抱怨工作效率提不上去的领导者，应该先反思一下自己是否有格局意识，然后再想想如何培养下属们的格局意识。既然管就要管个彻底，不要只动动嘴皮子。每个企业、部门之间各不相同，身为一个领导者，首先要了解自身，然后要深入基层，让自己变得善于发现，这样，解决起问题来才会胸有成竹。

老赵被任命为一个化妆品公司的销售部门经理，很多同事都替他捏了把汗，因为上司明摆着是让他去收拾烂摊子。同事们都劝老赵："老赵啊，推掉吧。销售部已经换了两个经理了，都没有起色，你还是不要去啃这块硬骨头了。"

老赵却笑着说："三个月之内我一定让它起死回生，你们就等着瞧吧。"同事们都很惊讶，开始瞪大眼睛看老赵有什么回天之术。

出乎同事们意料的是，到部门上任的第一个月老赵什么也没做，只是按时上下班，员工们也都在纳闷："都说新官上任三把火，这位经理是怎么回事？"

一个月后，老赵开始行动了，他取消了业务员单独跑业务的制度，按照他之前一个月的了解，把他们分成了几个小组，把每组能力最强的两人任命为组长，并要求小组成员把各自优点发挥出来，相互学习，弥补不足之处。结果几个月下来，公司的业务量很轻松地翻了一番。员工感觉自己本身和先前的工作量一样，突然之间却扭转了局面，心中自然欢喜，干劲也足了。

格局是一个领导者最基本的职业素养，领导需要全面地了解下属的个人能力以及性格等情况，让他们合理地搭配起来。只有合理地搭配，他们才能高效地执行。

⬛ 解决问题要先找关键要素

在工作中，企业领导所面临的事情往往很多，其中有大的，也有小的；有重要的，也有不那么重要的。那么，要想拿捏好其中的分寸，就需要在处理事情的时候一定要找到问题的关键所在。因为找到了关键，就相当于"牵住了牛鼻子"，这样事情解决起来也就容易很多了。

一艘正在大河中央行驶的小船漏水了，只见船夫累得满头大汗，双臂不停地摇着橹，船身却纹丝不动。船夫看起来既沮丧又困惑。

搭船人发现船身已经漏水，情况很严重。他急忙提醒船夫，可喊了半天，船夫却不理他，原来他正忙着向外舀水呢。心急如焚的搭船人说："船漏了，再不修船，我们都得淹死。"

这次，船夫终于说话了："我知道，你没看见我正忙着舀水和划船吗？哪有工夫修船啊！"

你觉得船夫的行为可笑吗？可是像船夫这样的人在企业的领导层中也有不少。他们遇到问题的时候，总是被周围的细枝末节和一些毫无意义的琐事分散精力，从而扰乱正常的工作秩序，导致工作在中途停顿下来，或拖延原定工作计划。

之所以会有这样的结果，是因为他们看问题不懂得从全局出发，找不到解决问题的关键所在，总是在做一些无用功。作为领导者，千万不要认为自己没有功劳也有苦劳。要知道，对于一个公司的领导来说，他要的是解决问题，是创造效益，而不是浪费了大量的资源却对解决问题没有任何帮助。

面对困难时，领导者应该带领下属找到造成困难的主要原因，也就是找出"造成船下沉的漏洞"，即使在这上面要花费更多的时间、更大的精力，也是值得的。因为只有找出了造成困难的主要根源，才算真正了解困难，才可能想出解决困难的方法。

杰姆是一家纺织公司的销售主管。

年初的一天，领导把他叫到了办公室，对他说："杰姆，请坐，现在有一项重任需要你去完成，不知道你是否愿意？"

"您是打算让我去担任Z地区销售经理吗？如果是的话，我想我很愿意接受。"杰姆说道。

"杰姆，我就知道我没有选错人，你到了Z区后，主要工作就是开拓地区市场，你的工作重点就是实现对市场的占有率，为今后的销售打开局面。"领导很是认真地说道。

杰姆上任后，对Z地区进行了详细的调查，他发现本公司的产品难以打开市场，因为在此之前Z地区的大型超市、专卖店销售商都有其他同行进驻。为了尽快提升销售率，杰姆开始自己想办法。

经过长时间的艰苦工作之后，他终于让产品成功进驻一家大型超市，销售业绩有了明显上升。这时，领导打来电话，要求他汇报近期的工作进度。

杰姆简单进行了汇报，领导沉默了片刻说："杰姆，说真的，你让我有些失望，你知道你的工作目标是什么吗？"

杰姆疑惑地说："公司利润是最重要的。作为销售经理，我的目标是把销售业绩做上来。至于让产品占据一定市场的问题，工作很难开展。我只好先……"

领导打断他的话："杰姆，你把我说的话全都忘记了吗？我当时说得很清楚，我们的目标是要获得市场份额。市场份额，你懂吗？只有占据更多的市场份额，我们的商品才有可能大批大批地卖出去，也就是说，利润高低不是我们目前最关心的。"

杰姆一时无话可说。此时他才恍然大悟，自己根本没有抓住问题的关键所在。

我们能说杰姆工作不努力、不勤奋、不尽责吗？不，他努力、勤奋、尽责，但他没有太强的格局意识，没有意识到自己的主要任务是提高市场的占有率，而不是马上把销售业绩搞上来。当然，相信他在工作中一定也取得了一些进步，能力也有所提升，但是这些进步、这些提升对他之后的工作没有多大的帮助，这又有什么意义呢？

作为一个领导者，没有格局意识就不能算得上一个合格的领导者。虽说公司是以工作效率和质量为第一标准的，但是有时候，公司必须放弃暂时的利益来成全大局。这就要求领导者必须认清问题的关键所在，抓住问题的主要矛盾。杰姆工作的关键，领导已说得再明白不过了，就是实现对市场的占有率，为今后的销售打开局面，而他却做了一名销售员都能解决的事情。

要知道，自己是领导者，不是前线的销售员，自己每做错一个决策，就有可能浪费公司很多的资源。所以，作为领导者，必须有很强的格局观念，认清问题的关键所在。

第八章
品质格局：克躁诚信，求真务实

> 求真务实指在实事求是的思想路线指引下，不断地认识事物的本质、把握事物的规律，并在规律性认识的指导下去实践。一个领导者不能在工作上做到求真务实，就无法真正地做到心怀格局。

克制浮躁，踏踏实实地工作

有些人或许会发出这样的抱怨："我是具有格局意识的，公司需要我做出个人牺牲的时候，我从来都是主动放弃自己的利益。可是为什么不见公司提拔我、重用我呢？"

如果遇到这种情况，原因恐怕只有一个，就是你的心太浮躁了。

领导一般是一些具有大智慧的人，他们岂能看不出一个人是否真诚地为公司做出牺牲？有些人虽然能为公司放弃自己的利益，心里却是不情不愿的，结果事情没有办好。虽然领导可能不会当面批评他，但是心里多半会觉得这个人靠不住，以后有什么重要的事情八成也不会交给他去做了。

如果是因为这种情况而让自己不受领导重用，又能怪谁呢？只能怪自己太不踏实了，看似在为公司着想、为领导着想，其实只是在为自己着想。领导上了一次当，岂能上第二次当？

浩宇毕业于名牌大学，刚毕业就顺利地找到了一份不错的工作。由于工作努力，所以很快就被策划部经理提拔为助理。但是不久，公司出现了变故，策划部经理带着一些老职员集体跳了槽。浩宇觉得这是一个实现自己梦想的机会，于是，自告奋勇要担任策划部经理，他觉得自己有能力力挽狂澜。

老总一时束手无策，加上浩宇平时工作非常努力，从策划部经理那里学到了不少东西，也就暂时让他担任策划部经理。浩宇开始梦想着用自己的才能在公司独当一面，创造丰厚的利润，同时也实现自身的价值，从此将在事业上平步青云。

于是，他工作起来更加卖力，加班加点是再平常不过的事情。但是他高估了自己的能力，没有从底层一步一步走过来的经历，没有积累必要的经验是不可能成功的。面对客户的要求，他轻易地承诺下来，草率地签了合同，却找不到得力的助手协助他一起完成。谈判、策划、设计等一系列事搞得他焦头烂额，任务完成得非常糟糕。

合同到期，客户看到这样的产品非常生气，宣称要和他们打官司，否则就让他们赔钱。本来公司就处在危机中，浩宇这一举动无异让公司雪上加霜，气得老总立马叫他走人。后来，老总想办法把原来的老职员招了回来，才重新把公司推到正轨上去，挽救了公司。

我们能说浩宇没有格局意识吗？为了工作，他经常加班加点，可以说他是一个非常敬业的人。但是由于他过于浮躁，把事情想得太简单，结果这次的事件成了他职场生涯中最悲惨的经历。

这个职场事例告诉了我们一个道理：格局意识，绝对不是简单地为公司着想就足够的，还需要把事情的方方面面都考虑清楚。不可否认，很多企业的领导者也存在一些问题，坐不住，静不下来，疏于思考，乏于调研和实践，只想着加薪升职。当领导的任务来了，他们就拍着胸脯向领导保证，自己绝对能完成。他们也不想想，自己是否有能力完成这个任务。如此浮躁的心态又怎能干好工作？

要想做一名受到上司青睐的领导者，一定要沉得住心，要知道很多时候看上去最短、最方便的路，并不一定是一条捷径，还有可能是个死胡同。

相反，一条看上去很弯、很曲折的路，虽然可能需要花费很大的精力，却有可能让我们到达成功的顶点。

◢ 诚实守信，秉诚信才能立威信

早在春秋战国时期，有个叫商鞅的人就已深刻地认识到诚信对于威信的重要性。商鞅是卫国人，来到秦国后，虽然得到秦孝公的支持推行变法，但他知道，作为一个初来乍到的外国人，在秦国的官民中缺少必要的威信，这是推行变法首先要解决的问题。

商鞅上任后做的第一件事，就是下令在都城南门外立一根三丈长的木头，并当众许下诺言：谁能把这根木头搬到北门，赏金十两。围观的人很多，但没有人愿意做，因为没人相信如此轻而易举就能得到这么高的赏赐。看到这种情况，商鞅不得不将赏金提高到五十两。这时，有个人抱着试一试的态度将木头扛到了北门，没想到真的获得了五十两赏金。这件事很快就传遍了秦国。接下来，商鞅推行变法，人们都不再怀疑了，变法很快在秦国推广开来，从此秦国走上了强盛之路。

如果一个领导者带头说话不算数，那么其下属自然就不会把工作当一回事了。作为领导，说话算数，绝对不打折扣，这是诚信的开始。

从字面上看，诚信是指一个人诚实可信，让人感觉靠得住，与这样的人交往比较放心，起码不会上当受骗。可以说，诚信是人的一种优良品格，是自律的一种体现，是一个人的立身之本。

同样是关于诚信，周代，有这样一个故事。

周幽王有个宠妃叫褒姒，是一个冰美人，从未对人笑过。为此，周幽王下令："谁能博娘娘一笑，就赏他一千两金子。"于是，有人为他想出了点烽火戏诸侯的馊主意，以期博取褒姒一笑。

于是一天傍晚，周幽王带着爱妃褒姒登上城楼，命令四下点起烽火。临近的诸侯看到了烽火，以为西戎来犯，便带兵去救援，却没想到到了城下看到这么一幕：灯火辉煌，鼓乐喧天。诸侯们一打听才知这只是周幽王为了取悦娘娘而干的荒唐事，敢怒不敢言，只好愤然离去。褒姒见状，果然淡然一笑。只是没有想到的是，不久后，西戎果真来犯，这时候虽然点起了烽火，但各诸侯以为周幽王又是故技重演，于是都按兵不动。结果都城被西戎攻下，周幽王被杀，褒姒被俘，西周因此灭亡。

千百年来，《烽火戏诸侯》这部戏不断被搬上舞台，但仍然有不少人把诚信视为儿戏，最终肯定没有什么好下场。一个领导若想搞好管理，一旦承诺了，就必须守信。

虽然历史上因不讲诚信而失去威信的例子比比皆是，但是有些人就是不吸取教训，一旦走上领导岗位就忘乎所以、恣意妄为。很多单位的领导在下属中没有威信，说话没人听，原因就是平时不注意以诚立威，制定政策不经过深思熟虑就乱表态，最后不能兑现，从而失信于下属。连下属都不相信你了，你还怎么能搞好管理呢？

团队要有效率，就必须有纪律。要有纪律，领导者则必须做到诚信，只有领导者先做到了诚信，才有资格让下属言而有信，说到做到。

▟ 把实事求是作为员工考核的第一标准

人是感情动物，在评价一个人的时候难免会被自己的个人情感和喜好所影响。但作为一个领导者，在考核一个员工的时候，要努力做到实事求是，这是考核员工的第一标准。

刘春光是一家高级饭店的厨师，工作非常努力。有一天，他被人上告说他从厨房往家里拿菜。饭店经理知道后非常生气，结果降了刘春光一级工资，并给予警告处分。

刘春光什么都没有说，依然像往常一样勤奋地工作。请假回家归来的厨师长知道这事后，马上找到了经理，说："刘春光往家里拿菜是跟我打过招呼的，他母亲患癌症多年，现在已经到了晚期。他是独生子，每天下班后都要去菜市场买菜，回家照顾母亲。前段时间，我们饭店顾客多，厨房的工作量大，他没有时间去菜市场买菜，就跟我说，先从厨房拿点菜回家，等发工资后再补上，这是他自己记录的拿菜清单。"

经理接过清单一看，上面记录得清清楚楚，什么时候拿的菜，品种是什么，价钱是多少，历历在目。经理看过这个清单后，感慨地说："我对情况了解得太少了，都怪我失职啊！"

当晚，经理和厨师长一起去看望了刘春光的母亲，恢复了他的工资并取消了对他的处分。

考核员工一定要从实际出发，实事求是，根据员工的综合表现进行公平、公正、公开的评价。实际上，考核一个员工的绩效跟考核一个人的品质有很多类似之处，很难做到"非此即彼"的判断。员工可能在某件事上做得不好，但也许事出有因，领导者不能被一时的表象所蒙蔽。所以，领导者一定要考虑周全，了解实情，只有这样才能让员工心服口服。

某公司的一位主管对一位员工说："小李，我昨天让你写的会议报告你怎么还没交上来啊！没有报告，你叫我怎么开会。"

"不完全是那么一回事。开发部的高总打了电话过来，说是会议推迟了，所以我就先做别的事情了……"

"我知道他打电话给你。但你要知道我先说过要看那份报告。"

"我知道，可是高总说有更重要的事情……"

"我不是早跟你说了吗？我才不管谁跟你打电话。你是我部门的人，你应该听我的。"

"可是……"

"就这样。赶快，趁我还没发火。"

小李做错了吗？从全局来看，他做得未必有错，但是领导没有给他解释的机会。作为一名领导者剥夺了下属解释原因的机会，并且没弄清因果就责骂下属，这不仅对下属的自尊心造成严重的伤害，也将给部门的其他下属留下恶劣的印象。

我们可以站在小李的角度想一想，如果领导对某件事没了解清楚就对自己横加指责，还不给自己陈述理由的机会，那么自己会作何感想呢？倘若如此，自己对工作还有主动性吗？对领导还有信赖感吗？

事实上，员工做得不一定对，但他可能是有苦衷的。作为领导者必须清楚地认识到自己对某些事情的了解是有限的，在没有对这些事全面了解之前，不要轻易地下定论。

小张毕业于国内一流的美术院校。他人生的第一份工作是一家广告公司给予他的，所以他非常想为公司贡献出自己的才华。他拼命努力地工作，在做好自己本职工作的同时，还经常向主管提出自己一些富有创意的想法。但是，主管并没有因此而赏识他，相反非常忌妒他的才能。在工作中处处打压小张，总是抓住他的一些小毛病不放，真是到了吹毛求疵的地步。

两年过去了，跟小张同时毕业的同学都纷纷升了职、加了薪，而他拼命地为公司工作，却还只是一位普通的员工。无奈之下，他只好选择辞职去了另外一家广告公司。在那里，由于他能力非常强，很快就得到了主管的重用，开始独当一面了。

这家公司的业务越做越大，与很多公司都建立了合作关系，其中就包括小张原来的广告公司。后来，原广告公司知道了这件事的始末，就把那位嫉贤妒能的主管给开除了。

做不到实事求是考核员工的领导要么有私心，要么能力差。这样的人早晚会露出马脚的，到那时，势必迎来被踢出局的结果。

综上所述，考核员工一定要实事求是，这也是有格局意识的表现，让员工感觉到公正、公平，他们才会觉得自己跟对了人，工作起来才有激情。

■ 以"公心"做管理，对员工一视同仁

"领导，我今天有事，我得先走了。""经理，我觉得还是巴西队厉害，这次比赛一定是他们拿第一。""谢谢领导给我加薪，我一定好好干。"……看到领导再次"恩准"某位同事早早下班回家，或者和某位同事在办公室里推心置腹地聊天，而大家却在办公室里拼命地工作，让人相当窝火；看到领导给他自己喜欢的同事加薪，业绩与能力都比对方稍胜一筹的你，难免觉得不公平。

有最新数据显示，在员工觉察到的领导的各种不当行为中，偏心排名第一。要知道，对所有员工一视同仁是身为领导必须具备的基本素质。在一个团队里，领导要公正，切不可偏心，不要总是让自己比较喜欢的员工做那些容易做又容易出成绩的工作；也不要总是把比较无聊、没什么挑战性的工作分配给自己认为能力不太强的员工；更不要有事没事地就给自己喜欢的员工一些小恩小惠。一个部门没有所谓的公正和公平就很难为公司做出贡献，作为一名领导者，必须一视同仁地对待所有员工，让他们感觉到公平。

如果领导在工作中听到类似这样的言论："有什么了不起的，还不是因为领导的偏爱。哼，真是看不惯他……"就一定要开始反省自己的行为：自己是否真的对于某某过于袒护？因为这些员工表面上是对某某的怨气，但在他们的心中其实是对领导不满。这样下去，员工们可能认为："既然你那么袒护某某，什么好的工作都分给他，那么我们也没有必要用心给你干了，全都交给某某一个人完成好了。"当员工出现这样的心理时，这个团队的工作效率肯定是很低的。

　　早期的杜邦公司采用的是家族色彩极浓的个人管理。这种制度在管理上有个很大的弊病，就是领导在日常工作中往往会偏袒家族提供的人才以及家族所看重的人才，这样就会对另一些员工造成不小的打击，严重影响他们的积极性，最终影响杜邦的发展。

　　为了改变这种状况，犹仁·杜邦决心进行改革，建立责权明确的有限责任公司，组建了杜邦公司执行委员会。于是，杜邦公司的管理不再是一个人，而是由委员会多人一起执行。在管理上，杜邦也使得管理权高度分散，并采取了轮流调换管理人员的做法，让领导无法偏袒他所偏爱的员工。这样一来，员工们都能积极地发挥出自己的能力，使企业获得最大的凝聚力。

　　其实，领导偏爱某位员工，对得到特殊照顾的这个员工来说也并不是一件好事，因为他成了领导的"红人"，显得高高在上，别人就会和他划清界限，慢慢地将他孤立起来。如果他的工作需要别的同事配合，就别想别人能尽心尽力了。

　　刘邦打败项羽后，凯旋洛阳，对功臣论功行赏。主要功臣都得到了封赏，但刘邦迟迟没有给一部分人封赏。

　　一天，刘邦看到一群将领聚集在一起，似乎在商量什么，便问身边的张良："他们在干什么呢？"

　　"他们在商量谋反呢！"张良答道。

　　刘邦大惊："江山是他们打下的，怎么还谋反？"

　　张良答道："陛下靠这些人得到了天下，但你只对所偏爱的大臣进行封赏，他们很不服气。并且他们害怕陛下怀疑他们平时的过失而诛杀他们，所以才聚在一起准备谋反。"

　　听张良这么一说，刘邦急了，赶紧问："那怎么办呢？"

　　张良说："我听说陛下最恨的大臣是雍齿，你现在只要赶快对他进行封赏，其他人就会安心了。"

于是，刘邦大摆宴席，封雍齿为什邡侯。诸将欢声雷动，说："雍齿尚且被封侯，我们还担心什么？"

若领导者做不到一视同仁，必然使一少部分人不能把精力全部放在工作上，而是挖空心思投领导所好，整天给领导拍马屁，以此博得领导的喜爱，自己也好乘机捞取利益。这些小人还会挖空心思将其他能力强、业绩好的同事搞下去，整个团队也会被搞得乌烟瘴气，造成小人横行而好人受气的局面。这样一来，领导还怎么进行管理？

总而言之，领导对下属一定要做到一视同仁。当然，在一定的范围内，领导可以对某些下属偶尔偏爱，毕竟谁都不是圣人，遇到一些谈得来的下属自然要亲近一些，但一定要做到公平，让大家服气。不过有时候主观上是公平的，但由于种种原因，客观效果不一定那么公平，即使是公平的，也会因为每个人的理解不一样，造成有人认为不够公平。那怎么办呢？这就要求领导者以"公心"来管理，凡事做到透明、公开，正如一位名人所说："平不那么容易，只要公就行了。"

赏罚分明，确保薪酬公平合理

亚当斯是美国著名的心理学家，他在研究分析人的积极性与分配方法的关系时指出，工资、报酬的合理性和公平性对人们工作的积极性有较大的影响。这就说明，"赏罚分明"能使人口服心服，进而让他们有较强的进取心，顺利完成任务，否则公司就会不断出现各种问题。

某工厂的员工工资是基本工资加计件提成。第一年工厂效益明显上升，按照制度计件提成增加了10%，员工的工作积极性大增，并且不少人积极加班；第二年效益继续上升，但计件提成没有增加，接下来，不仅员工不认真工作，而且出现不少生产事故，工厂效益下滑。

工厂的领导分析了效益下滑、生产事故不断的原因源于此，于是立即向员工道歉，提高计件提成。为了取信员工，还补上了之前的提成。员工们看到了领导的诚信，工作积极性又燃烧了起来，生产安全了，效益也开始不断上升。

企业的制度不能今天这样、明天那样，朝令夕改的管理方式只会有损领导者的威信，让自己管理起来越来越混乱。聪明的领导者和企业必须让员工相信赏罚分明是真实的、长久的，只有这样，他们才会积极工作，给企业创造更大的财富。

在一家企业里，如果不是以工作来衡量一个人的贡献的话，员工们就会把注意力集中在如何巴结领导为自己谋取好处上。这样，企业里真正做事的人就站不住脚，投机者就会层出不穷，企业离倒闭也就不远了。

赏罚分明是企业管理的重要手段，而且赏罚分明并不是只要有一套明确的赏罚制度就可以了。因为制度是死的，而人是活的，我们必须明确一点，就是赏与罚都要做到让员工心服口服。

赏罚分明是公正的体现，而公正是一个优秀的领导者必须拥有的品质。无论在什么单位，如果一个领导做不到赏罚分明，体现不出公正，就会有员工说他不适合做领导。那么，如何做到赏罚分明呢？以下几个原则可以借鉴。

第一，有过必有罚。一个团队必须讲究纪律，不能因这个人平时对自己好或者是亲朋好友，有过就不惩罚。西蜀孔明北伐时，马谡不听他的调动，擅作主张，导致丢失街亭。虽然马谡才气过人，得到诸葛亮的器重，但为了严肃军纪，诸葛亮还是忍痛挥泪斩马谡，并上表请求自贬三等，承担失败之责，从此蜀军上下再也不敢违命。有过必罚，不能优柔寡断、感情用事，这样上下才能团结一致。

第二，有功必有赏。下属有功劳而不奖赏，会让他产生怨气，以后就不肯立功，甚至与领导离心离德，难以管理。《说苑》言："有功者不赏，有罪者不罚；多党者进，少党者退；是以群臣比周而蔽贤，百吏群党而多奸；

忠臣以诽死于无罪,邪臣以誉赏于无功。其国见于危亡。"有功必赏,可以激励员工的积极性,也能融洽上下级关系。

第三,双管齐下。赏与罚双管齐下,并且两手都要硬。下属取得成绩,给予肯定,不吝啬表扬;下属犯了错误,给予指正,并先检讨自己是否教会了下属正确的工作方法。"罚"的目的在于"惩前毖后,治病救人"。

在下属的心目中,领导的责任通常与其权力是等同的。赏与罚都必须善加运用,这样才能体现出领导的公正,才能获得下属的信赖和支持,进而发挥团队的力量去促进企业的发展。

▌ 实话实说,问题才更容易解决

对一个希望在职场上有所作为的人而言,一定要做到实话实说、勇于负责。然而现实状况是,我们常常发现一些人犯了错误,却习惯性地把大事说成小事,以此来达到逃避责任的目的。但实际上,责任是逃避不了的,我们必须实话实说,只有让大家知道了真实的情况,大家才会用心地想办法,帮助我们把问题解决掉。

有一家企业领导在大会上对所有人说:"公司现在面临着一个很严峻的问题,如果解决不了的话,那么公司很可能倒闭,我希望大家跟我一起想办法来解决问题。"

于是,公司的所有员工都在想着如何解决这个问题。

最后,经过大家的努力,问题终于解决了,公司也转危为安。

这个故事告诉了我们一个道理:把实情说出来,大家才会了解真实的情况,然后才能用心去解决问题。

如果在工作上遇到了困难,既不告诉下属,也不汇报给上司,而自己又暂时想不到什么办法,就这样一直拖着,一件小事拖到最后很可能变成大事。

为了避免这种情况发生，领导者一定要对工作求真务实，有了困难及时说，好让大家一起出谋划策，共同想办法解决问题。

刘诚是某公司的采购主管，他听从了另一部门经理和自己部门经理助理的建议，认为浙江义乌有种产品运到陕西会有很好的销路，结果采购后透支了账上的存款数额。

公司对零售采购有一条至关重要的规则：不可以透支自己所开账户上的存款数额。如果你的账户上不再有钱，你就不能购进新的商品，直到你重新把账户补满为止。通常这要等到下一个采购季节，这是一件很危险的事。

那次采购完后，刘诚的上司突然打来电话告诉他，广州有一家企业生产的一种新式旅行包在欧洲很受欢迎，要求他采购一部分。

刘诚没有为自己犯的错误而开脱，而是向上司阐述了自己大量采购的那一种产品的具体情况，坦诚地向上司承认自己的失误。同时，配合上司向总部申请追加拨款，再采购新式旅行包。

尽管上司有些不高兴，但他还是设法给刘诚拨来一笔款项。后来，义乌那种产品和广州那个新式旅行包在推向市场后都深受顾客欢迎，卖得十分火爆。

因此，公司高层给了刘诚和他的上司一笔丰厚的奖金。

犯了错误，就要实话实说，不要找任何借口。对上司实话实说，虽说可能因此而一时受些处罚，但是，因为及时承认错误，上司会想办法帮助我们解决问题，让公司的损失降到最低，最后上司很可能因此原谅我们。相反，如果隐瞒错误或者上司问起来时，我们寻找各种各样的借口，即使最后你侥幸没有让公司遭受什么损失，恐怕也很难在公司待下去了。

有一位政府部门的工作人员被调到某高校做系主任，这是他第一次做教育工作。他知道老师们都很想评上高级职称，为了在新岗位上树立威信，刚上任不久的他就向本系青年教师许诺说，今年可以让他们中 2/3 的人评上中级职称，甚至个别优秀的老师连高级职称都有可能评上，结果大家一阵欢喜。

但当他向学校申报时，却发现出了问题——学校不能分给他那么多名额。这位系主任据理力争，四处奔跑，说得口干舌燥，但依然没能把问题解决。他又不想把真实情况告诉系里的教师，只对他们说："放心，我既然向你们保证了，就一定要做到。"

最后，职称评定情况公布了。众人见了大失所望，背后将这位系主任骂得一钱不值，甚至有人当面指责他说："主任，这是怎么回事，怎么我没有被评上，你答应的呀。"而校领导也批评他，说他是"本位主义"。就这样，他刚上任没多久，就在系里信誉扫地，校领导也对他失去了好感。

既然做不到，就要实话实说。像上面事例中的这位系主任，为了一时笼络人心，没能兑现自己的诺言，向大家放了"空炮"，这样的人又怎么能得到众人的信赖和尊重呢？

其实，当我们真的遭遇到困难之后，不妨把实际情况告诉大家，说不定大家会原谅我们呢？

年初的时候，某公司的领导向本公司的全体员工许诺说，年底可以给他们加薪 10%。

可是到了年中的时候，由于行业不景气，公司的业务出现了很大的问题，整整下半年公司都处在亏损的状态。到了年底，公司已经到了入不敷出的地步。

这时，领导不得不向所有员工道歉，并把具体情况向员工一一说明。虽然有个别员工对领导这种开"口头支票"的做法很是反感，但是大多数员工还是原谅了领导。

工作中经常出现变故，当我们已经对事情失去了掌控能力的时候，就要把具体情况告诉你的上级或者下属，让大家一起来想办法解决。我们时刻都要谨记：凡事都要以大局为重，工作上的事情不是我们个人的事情，它关系着整个部门，乃至整个企业的利益。